AF641882

Die Dampfkessel

einschließlich Feuerungen und Hilfseinrichtungen

Physikalische und chemische Grundlagen,
Berechnung und Konstruktion,
Vorschriften und Beispiele

von

Prof. Dr.-Ing. Walter Marcard †

Dritte, neubearbeitete Auflage

von

Dr.-Ing. Gerhard Beyer

II

Berechnung und Konstruktion
Dampfkessel, Hilfseinrichtungen, Feuerungen, Berechnung

Mit 45 Bildern

Sammlung Göschen Band 521/521 a

Walter de Gruyter & Co. Berlin 1966

vormals G. J. Göschen'sche Verlagshandlung · J. Guttentag,
Verlagsbuchhandlung · Georg Reimer · Karl J. Trübner · Veit & Comp.

Die Gesamtdarstellung umfaßt folgende Bände:

Band I: Physikalische und chemische Grundlagen, Wärmelehre, Wärmeübertragung, Verbrennung
(Slg. Göschen Band 9/9a)

Band II: Berechnung und Konstruktion, Dampfkessel, Hilfseinrichtungen, Feuerungen, Berechnung
(Slg. Göschen Band 521/521a)

©

Copyright 1966 by Walter de Gruyter & Co., vormals G. J. Göschen'sche Verlagshandlung — J. Guttentag, Verlagsbuchhandlung — Georg Reimer — Karl J. Trübner — Veit & Comp., Berlin 30. — Alle Rechte, einschl. der Rechte der Herstellung von Photokopien und Mikrofilmen, vom Verlag vorbehalten. — Archiv-Nr. 79 34 667. Satz und Druck: Deutsche Zentraldruckerei, Berlin. — Printed in Germany.

Inhaltsverzeichnis

1. Allgemeines

Seite

1.1. Die Dampfkessel in der Gewerbeordnung 5
1.2. Begriff des Dampfkessels und der Dampfkesselanlage nach der Dampfkesselverordnung 5
1.3. Entwicklung des Dampfkesselbaues 7
1.4. Angewendete Größen, Formelzeichen, Einheiten 8

2. Begriffsbestimmungen und Einteilung der Dampfkessel nach verschiedenen Gesichtspunkten

2.1. Leistungsbegriffe bei Kesseln 9
2.2. Wirkungsgrad, Verfügbarkeit 10
2.3. Verdampfungszahl 10
2.4. Heizflächenbelastung, Feuerraumbelastung 11
2.5. Einteilung der Kessel nach den Betriebsverhältnissen 11
2.6. Systeme des Umlaufs von Wasser und Dampf 12

3. Bauarten dre Kessel

3.1. Großwasserraumkessel 18
3.1.1. Flammrohrkessel 18
3.1.2. Rauchrohrkessel 20
3.1.3. Flammrohr-Rauchrohr-Kessel 20
3.1.4. Stehende Kessel kleiner Leistung 24
3.2. Wasserrohrkessel 25
3.2.1. Schrägrohrkessel 25
3.2.2. Steilrohrkessel 27
3.2.3. Strahlungskessel 28
3.2.4. Eckrohrkessel 31
3.2.5. Zwangumlaufkessel 32
3.2.6. Durchlaufkessel 34
3.2.7. Schnelldampferzeuger, Sonderbauarten 38
3.3. Heißwassererzeuger 42
3.4. Elektrisch beheizte Dampfkessel 43

4. Kesselspeisung

4.1. Speiseeinrichtungen 44
4.2. Speiseregelung 45
4.3. Speisewasseraufbereitung 45

Inhaltsverzeichnis

Seite

5. Sicherheitstechnische Ausrüstung und Regelung

5.1. Wasserstand-Anzeigeeinrichtungen 49
5.2. Druckmeßeinrichtungen 51
5.3. Sicherheitsventil 51
5.4. Absperrorgane 53
5.5. Regelgeräte 54

6. Überhitzer, Heißdampftemperaturregelung

6.1. Überhitzerbauarten 55
6.2. Heißdampftemperaturregelung 57

7. Nachgeschaltete Heizflächen

7.1. Speisewasservorwärmer 59
7.2. Luftvorwärmer 63

8. Kesselfeuerungen

8.1. Weg der Rauchgase 66
8.2. Feuerungen für körnige Brennstoffe, Roste 69
8.2.1. Feststehende Roste 69
8.2.2. Schubroste 71
8.2.3. Wanderroste 73
8.2.4. Sonderausführungen 76
8.2.5. Entaschen, Abschlacken 76
8.3. Feuerungen für staubförmige Brennstoffe 78
8.3.1. Aufbereitung des Brennstoffes 78
8.3.2. Brennraumgestaltung 84
8.4. Feuerungen für flüssige Brennstoffe 89
8.5. Feuerungen für gasförmige Brennstoffe 95
8.6. Sonderfeuerungen 96

9. Berechnung der Dampfkessel

9.1. Wärmetechnische Berechnung 98
9.2. Festigkeitstechnische Berechnung 98
9.2.1. Werkstoffe 99
9.2.2. Festigkeitswerte 99
9.2.3. Sicherheitsbeiwert 102

10. Schrifttumverzeichnis 103

11. Namen- und Sachverzeichnis 105

1. Allgemeines

1.1. Die Dampfkessel in der Gewerbeordnung. Dampfkessel sind nach § 24 der *Gewerbeordnung* überwachungsbedürftige Anlagen. Festigkeitstechnische Berechnung, verwendbare Werkstoffe, Herstellung, Ausrüstung und Betrieb werden durch die *Dampfkesselverordnung*[1]) geregelt. Aufstellung und Inbetriebnahme der Dampfkessel bedürfen einer behördlichen *Erlaubnis*.

1.2. Begriff des Dampfkessels und der Dampfkesselanlage nach der Dampfkesselverordnung. *Dampfkessel sind Druckbehälter oder Rohranordnungen, in denen Wasserdampf von höherem als Atmosphärendruck oder Heißwasser von höherer Temperatur als der dem atmosphärischen Druck entsprechenden Siedetemperatur erzeugt wird zur Verwendung außerhalb des Kessels.* Die von Heißwasseranlagen ausgehenden Gefahren sind keinesfalls geringer als bei Dampfanlagen, so daß die Heißwassererzeuger mit in die Verordnung aufgenommen werden mußten. Unter dem Oberbegriff Dampfkessel werden somit unterschieden

Dampferzeuger und *Heißwassererzeuger*.

Sonderbestimmungen (Erleichterungen bezügl. verwendbarer Werkstoffe, Ausrüstung, Aufstellung, Überwachung) gelten für *Niederdruck-* und *Kleindampfkessel*. Niederdruckdampfkessel sind Dampferzeuger mit $p \leqq 0{,}5$ at u. Heißwassererzeuger mit Vorlauftemp. $\leqq 110$ °C. Kleindampfkessel dürfen max. 35 l Wasserinhalt haben und außerdem muß sein: Produkt aus Wasserinhalt in l und Druck in at (Druckliterprodukt) $\leqq 50$, oder beheizter Teil besteht nur aus Rohren mit Außendurchm. $d_a \leqq 32$ mm und Druckliterprodukt (s. oben) $\leqq 200$, oder der gesamte Kessel besteht nur aus Rohren mit $d_a \leqq 32$ mm.

[1]) Die gemäß § 24 der Gew.-Ordnung am 8. 9. 1965 verkündete Dampfkesselverordnung mit entspr. Ausführungsbestimmungen trat am 1. 3. 1966 in Kraft. Die formal noch gültigen Allgemeinen poliz. Bestimmungen (ApB) entsprachen in vieler Hinsicht nicht dem Stand der Technik. Die bereits vorhandenen neuen Bestimmungen, Richtlinien und Regeln wurden, soweit vom *DDA* verabschiedet, angewendet auf Grund von Vereinbarungen zwischen den *Fachverbänden* und der *VdTÜV*.

Außer dem eigentlichen Dampfkessel einschließlich seiner sicherheitstechnischen Ausrüstung nach Abschn. 5 gehören zur Kesselanlage noch folgende Einrichtungen:

Speisewasser-Aufbereitung und -Speicherung
Speiseeinrichtungen einschl. Speiseleitung

Abgas-*Speisewasservorwärmer*
Luftvorwärmer, soweit im Rauchgasstrom angeordnet
Gebläse für die Feuerung

Überhitzer und *Zwischenüberhitzer*, soweit im Rauchgasstrom angeordnet und absperrbar

Dampfkühler, soweit im Kesselhaus aufgestellt

Kesselgerüst, Einmauerung, Ummantelung
Feuerung einschl. Brennstoffzuteileinrichtung
Einrichtungen zur Lagerung, Aufbereitung und Zuleitung von staubförmigen, flüssigen, gasförmigen oder sonst leicht entzündlichen *Brennstoffen*
Einrichtungen zur Rauchgasabführung einschl. der *Saugzuganlagen*, des *Schornsteins* und der in die Rauchgasabführung eingebauten *Entstaubungsanlage*

Kesselaufstellungsraum

Dampf- und *Heißwasserleitungen* einschl. Armaturen innerhalb des Kesselaufstellungsraumes

Thermodynamisch gesehen ist der Dampfkessel, insbesondere der Kesselkörper, ein *Wärmeübertrager*; die aus dem Brennstoff freiwerdende Wärmeenergie wird auf die eingeschlossenen Wasser- und Dampfmengen übertragen.

Dampfspeicher (*Ruths*-Gefällespeicher), in denen ein großer Wasservorrat durch eingeleiteten Dampf bis zur Siedetemperatur (Dampfpolster) aufgeheizt wird, und aus denen dann bei sinkendem Druck (Nachverdampfung) Dampf entnommen wird, sind keine Dampfkessel im Sinne der Verordnung, sie gelten als *Druckbehälter* im Sinne der *Unfallverhütungsvorschriften*, ebenso wie die Druckkörper der feuerlosen Lokomotiven.

Zur Darstelulng der wärmetechnischen Anordnung

(Schaltung) der einzelnen Einrichtungen einer Kesselanlage werden die in DIN 2481, Wärmekraftanlagen, angegebenen Sinnbilder benutzt, wie z. B. in Bild 1.1.

A Dampfkessel m. Ölfeuerung
B Überhitzer
C Eck-Sicherheitsventil
D Absperrventil
E Wärmeverbraucher
F Kondensatableiter
G Kondensatgefäß (unter Druck)
H Speisepumpe m. Motor
——— Dampf
——— Kondensat Speisewasser

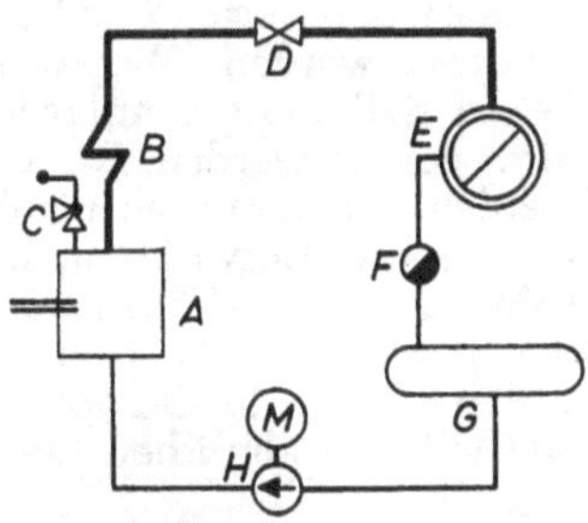

Bild 1.1. Wärmeschaltplan einer einfachen Kesselanlage.

1.3. Entwicklung des Dampfkesselbaues. Ausgehend vom *Wattschen* Kofferkessel (1810) mit 5 m² Heizfläche und $p = 1/3$ at führte ein weiter Weg bis zum neuzeitlichen Hochleistungskessel. Aus dem Streben nach größerer Wirtschaftlichkeit ergaben sich höhere Anforderun-

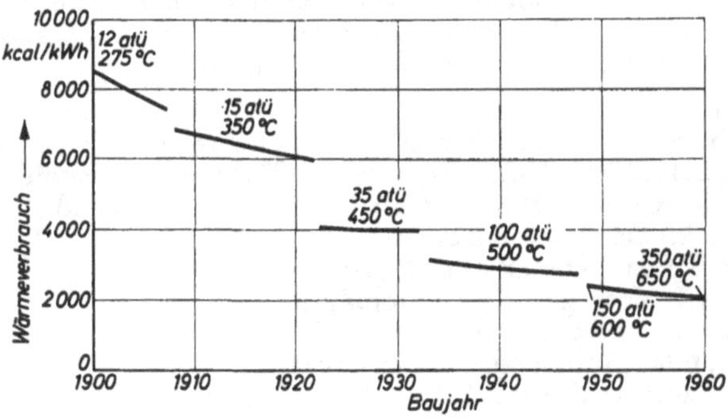

Bild 1.2. Wärmeverbrauch von Dampfkraftanlagen, nach [20].

gen hinsichtlich des Druckes, der Temperatur, der Dampfleistung und der schnellen Betriebsbereitschaft bei geringstem Wartungsaufwand. Die Entwicklung bis 1960, dargestellt am Wärmemengenbedarf je kWh, zeigt Bild 1.2. Die mit 350 at und 600 °C für 1960 angegebenen Grenzwerte (2 Anlagen) sind bis heute nicht überschritten worden. Wegen der aufgetretenen Schwierigkeiten sind weitere Anlagen mit diesen Auslegungsdaten nicht gebaut worden. Bei Anlagen mit geringeren Drücken werden Temperaturen bis 660 °C erreicht. Als praktische Grenze der Entwicklung hinsichtlich der Dampfleistung (Blockanlage 1964/65) kann ein Kessel mit D′ = 3000 t/h bei $p = 165$ at, $t_ü = 560$ °C für eine 1-GW-Maschine gelten (USA). In Europa laufen Anlagen mit 300, 500, 600 MW bei ähnlichen Drücken und Temperaturen.

Die steigenden Anforderungen konnten erfüllt werden durch schrittweise Verbesserung der Werkstoffe (hochwarmfeste Stähle), der Konstruktionsprinzipien, der Berechnungs- und Herstellverfahren (Schweißtechnik), der Feuerungen und der automatischen Regeleinrichtungen. Die Anwendung *elektronischer Rechenanlagen* zum Ermitteln optimaler Werte spielt eine große Rolle.

1.4. Angewendete Größen, Formelzeichen, Einheiten. Es wird das *Internationale Einheitensystem (SI)* angewendet, jedoch werden Kräfte in kp angegeben.

d in mm Durchmesser
D in kg/h Dampfleistung (Dampferzeugung), D' in t/h
H_u in kcal/kg Heizwert fester u. flüssiger Brennstoffe,
in kcal/m³ Heizwert für Gase im Normzustand
K in kp/mm² Festigkeitskennwert
p in kp/cm² oder at Betriebs-Überdruck
q in kcal/m² h Wärmestromdichte
t in °C Temperatur
v in m/s Strömungsgeschwindigkeit
λ Luftverhältniszahl (Luftverhältnis)
γ in kp/m³ Wichte

2. Begriffsbestimmungen und Einteilung der Kessel nach verschiedenen Gesichtspunkten

Um eine eindeutige Verständigung aller am Dampfkesselwesen Beteiligten zu ermöglichen und eine gleichmäßige Anwendung der Bestimmungen und Vorschriften zu gewährleisten, sind verschiedene Begriffe teils durch behördliche Vorschriften, teils durch Übereinkommen festgelegt.

2.1. Leistungsbegriffe bei Kesseln. Als *Leistung* eines Kessels bezeichnet man die Dampferzeugung D in kg/h bzw. D' in t/h. Nachdem sich der Heißwasserbetrieb eingeführt hat, werden Kesselleistungen auch in kcal/h oder Gcal/h angegeben. Weiterhin werden unterschieden:

Höchste Dauerleistung als Grundlage für die Konstruktion des Kessels und Begrenzung des Gewährleistungsbereiches.

Regelleistung als Maß für die Betriebsbeanspruchung des Kessels, sie beträgt rd. 80 % der höchsten Dauerleistung.

Die Leistungsangaben beziehen sich auf die bei der Bestellung vereinbarten Werte für Dampfzustand, Speisewassertemperatur und den vorgesehenen Brennstoff. Der *höchstzulässige Betriebsdruck* des Kessels ist zugleich Erlaubnisdruck und höchstzulässiger Einstelldruck der Sicherheitsventile. Der tatsächliche Betriebsdruck in der Trommel beträgt etwa 95 % und am Ende des Überhitzers etwa 90 % des Erlaubnisdruckes. Über eine Neufestlegung von Druck-, Temperatur- und Leistungsstufen konnte keine Einigung erzielt werden. DIN 2901, Entw. 1955, wurde wieder zurückgezogen; DIN 2901, 4. 1939, ist im Oktober 1964 ebenfalls, vorerst ohne Ersatz, zurückgezogen worden.

---

1 BHP (engl.-amerik. boiler horsepower) entspricht eine (Dampf-) Wärmeleistung von 8477 kcal/h. Dampferzeugung D in kg/h ergibt sich nach Division durch die jeweilige Erzeugungswärme q_e in kcal/kg.

2.2. Wirkungsgrad, Verfügbarkeit. Der Wirkungsgrad einer Dampfkesselanlage ist das Verhältnis der in einer bestimmten Zeit von Wasser und Dampf aufgenommenen Wärmemenge und der in der gleichen Zeit durch Brennstoff und Verbrennungsluft zugeführten Wärmemenge. Ggf. wird zwischen *Kesselwirkungsgrad* und *Feuerungswirkungsgrad* unterschieden. Um eindeutige Vergleichswerte zu erhalten, sind in DIN 1942, Abnahmeversuche an Dampferzeugern, die Versuchsbedingungen und das Auswerteverfahren genau festgelegt.

Neben dem Wirkungsgrad wird heute der *Verfügbarkeit* einer Kesselanlage bzw. Dampfkraftanlage immer größere Bedeutung beigemessen. Diesen Kennwert, meist in Std/Jahr angegeben, erhält man nach Abzug aller Stillstandzeiten durch Verschleiß und Verschmutzung, Auslegungs- und Konstruktionsfehler, Herstellungs- und Werkstoffehler, Bedienungs- und sonstige Fehler und regelmäßige Untersuchungen. Für die Ausfallzeit muß *eine entsprechend große Ersatzeinheit* zur Verfügung stehen. Je nach Anteil der Einheit an einer Anlage oder an einem Verbundnetz können sich verschiedene wirtschaftliche Gesichtspunkte ergeben. So hat eine große Einheit mit gutem Wirkungsgrad nur einen wirtschaftlichen Nutzen, wenn ihre Verfügbarkeit mindestens ebenso groß ist wie die der bewährten kleineren Einheit mit nicht so großem Wirkungsgrad. Bei Blockanlagen muß unterschieden werden, wie weit die Verfügbarkeit durch die Kesselanlage, die Turbine oder die elektrische Anlage beeinflußt wird.

2.3. Verdampfungszahl. Sie ist der Quotient aus erzeugter Dampfmenge in kg (t) und aufgewendeter Brennstoffmenge in kg (t). Die *Verdampfungszahl* dient im allgemeinen nur als Vergleichswert für Kessel gleicher Bauart. Für weitergehende Vergleiche kann die Dampfmenge umgerechnet werden auf *Normaldampf*, das ist Sattdampf von 100 °C bei 1 ata mit spez. Enthalpie $i' = 640$ kcal/kg, erzeugt aus Speisewasser von 0 °C.

2.4. Heizflächenbelastung, Feuerraumbelastung. *Heizfläche* ist der auf der Feuerseite gemessene Flächeninhalt der einerseits von Wasser und Dampf und andererseits von Rauchgasen berührten Kesselwandungen. Bei entsprechenden Kesselbauarten wird noch zwischen *Strahlungsheizfläche* und *Berührungsheizfläche* unterschieden. Dampfberührte Heizflächen sind am eigentlichen Kessel (nicht Überhitzer) nur zulässig, soweit die Rauchgastemperatur unter 400 °C liegt.

Als sog. *nachgeschaltete Heizflächen* gelten die Heizflächen der im Rauchgasstrom hinter dem Kessel zur besseren Wärmeausnutzung angeordneten Wärmeübertrager wie *Speisewasservorwärmer* und *Luftvorwärmer*.

Die *Heizflächenbelastung* als Quotient aus Dampfleistung in kg/h oder Wärmeleistung in kcal/h und der Heizfläche in m^2 ist eine kennzeichnende Größe für Güte und Belastung von Kesseln gleicher Bauart. Sie kann für den gesamten Kessel oder einzeln für verschiedene Abschnitte angegeben werden, denn sie ist naturgemäß im Feuerraum größer als im letzten Zug. Bei Strahlungskesseln wird die Dampf- oder Wärmeleistung sinngemäß auf das Volumen des Feuerraumes in m^3 bezogen und als *Feuerraumbelastung* bezeichnet. Heizflächen- und Feuerraumbelastung sind nur Anhaltswerte, genauere Rechnungen müssen mit der *Wärmestromdichte* durchgeführt werden.

2.5. Einteilung der Kessel nach den Betriebsverhältnissen. Nach den großen Anwendungsbereichen und den dafür geltenden Vorschriften werden unterschieden:

Landdampfkessel, *Binnenschiffskessel*, *Seeschiffskessel*.

Die Landdampfkessel werden wieder unterteilt in *feststehende Kessel* und *bewegliche Kessel*.

In den einzelnen Anwendungsgebieten ist der *Druck* eine wesentliche Bestimmungsgröße und zusammen mit dem Wasservolumen maßgebend für eine mögliche Gefährdung (Energieinhalt) der Anlage und der Umgebung. Nach dem Druck werden unterschieden:

Niederdruck-Dampfkessel mit $p \leqq 0{,}5$ at, $t \leqq 110$ °C
Hochdruck-Dampkessel mit $p > 0{,}5$ at, $t > 110$ °C.

Für *1,5 at — 130 °C-Kessel* bestehen verschiedene Erleichterungen hinsichtlich der verwendbaren Werkstoffe und des Aufstellungsraumes.

Bei *Kleinkesseln,* deren Energieinhalt begrenzt ist, werden Erleichterungen verschiedener Art gewährt. *Baumusterprüfung* dieser Kessel und der Niederdruck-Dampfkessel wird angestrebt, um das Erlaubnisverfahren zu vereinfachen.

Einteilung der Kessel als *Niederdruck-*, *Mitteldruck-*, *Hochdruck-* und *Höchstdruck*-Kessel hat sich nicht eingeführt weil eine eindeutige Festlegung der Gruppenmerkmale nicht zu erreichen war.

Der Kessel umfaßt alle zwischen den Absperrorganen für Wasser und Dampf liegenden, drucktragenden Teile einschließlich der Gehäuse der Absperrorgane. Sind keine Absperrorgane vorhanden (*Blockanlagen,* bei denen ein Kessel unmittelbar auf eine Turbine arbeitet), reicht der Kessel bis zum angeschlossenen Dampfverbraucher bzw. dem dort vorhandenen Absperrorgan. Auf alle zum Kessel gehörigen Teile sind die Vorschriften über Werkstoffe, Herstellung, Berechnung und deren Ausrüstung in vollem Umfange anzuwenden.

2.6. Systeme des Umlaufs von Wasser und Dampf. Sind die Schenkel eines Rohrsystems nach Bild 2.1 z. T. mit Wasser gefüllt und wird an einem Schenkel Wärme zugeführt, so wird an dieser Stelle die Dichte des Wassers geringer, es dehnt sich aus. Das Wasser steht in den beiden Schenkeln verschieden hoch entsprechend der Bedingung für statisches Gleichgewicht: $h \cdot \gamma =$ konst. Ist das System mit Wasser gefüllt, wie im Bild dargestellt, wird bei Wärmezufuhr das Wasser mit geringer Dichte durch kälteres aus dem unbeheizten Schenkel nach oben verdrängt *(thermischer Umlauf)*. Bei Annäherung an die Sättigungstemperatur bilden sich an der beheizten Stelle Dampfblasen, die nach oben steigen und sich über dem Wasserspiegel sammeln. Mit zunehmender Dampfbildung wird bei geschlossenem System der Druck ansteigen bis zur Festigkeitsgrenze der Bauteile, sofern nicht vorher Dampf entnommen oder die Beheizung abgestellt wird. Wenn bei Dampfentnahme unter konstantem Druck kein Wasser nachgespeist und infolge sinkenden Wasserstandes die beheizte Stelle von Wasser entblößt wird, kann an dieser Stelle das System zu Bruch gehen, weil wegen schlechten Wärmeüberganges von der Wand an den Dampf der Werkstoff sich so weit erwärmt, daß seine Festigkeit unter das zulässige Maß absinkt.

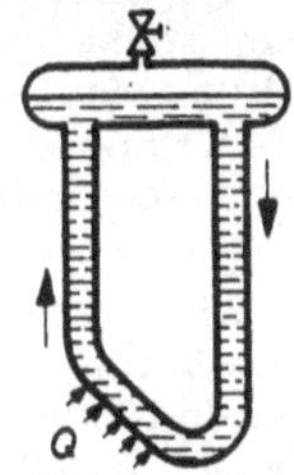

Bild 2.1. Thermischer Umlauf.

In jedem Kessel muß thermodynamisch oder durch mechanische Hilfsmittel (Pumpen) ein stets gleichgerichteter Wasserumlauf mit rechtzeitigem Ablösen und ungehindertem Aufsteigen von Dampfblasen an allen beheizten Stellen gewährleistet sein. Durch *Speiseeinrichtungen* muß der Wasserspiegel so hoch gehalten werden, daß beheizte Wandungen stets ausreichend von Wasser umspült sind. *Das Ablösen und Aufsteigen der Dampfblasen darf nicht durch vorstehende Kanten, Flächen mit zu geringer Neigung oder zu enge Querschnitte behindert sein.*

Der Wasserinhalt im *Wasserraum* eines Kessels wird nach den Dampfkesselbestimmungen bis zum konstruktiv festgesetzten und außen kenntlich gemachten *Niedrigsten Wasserstand* (N-W) gerechnet. Ist der Wasserstand in der Anzeigeeinrichtung nicht mehr erkennbar, muß die Beheizung sofort abgestellt werden. Bei *Durchlauf*kesseln rechnet der Wasserinhalt bis zum Hauptdampfventil.

Je größer der Wasserinhalt eines Kessels, um so größer ist seine *Speicherfähigkeit* und um so mehr Zeit steht zur Verfügung, wenn bei Ausfall der Speiseeinrichtung entsprechende Maßnahmen ergriffen werden müssen. Beim Anheizen wird zwar längere Zeit benötigt, um den Wasserinhalt auf Siedetemperatur zu erwärmen, aber bei stoßartiger Entnahme ist bei etwas absinkendem Druck eine größere Dampfmenge zu entnehmen als der Feuerungsleistung entspricht. Großwasserraum-Kessel sind besonders anpassungsfähig und für stoßartige Dampfentnahme geeignet.

Über dem Wasserraum befindet sich der *Dampfraum.* Am höchsten Punkt des Dampfraumes ist die Entnahmeleitung angeschlossen. Je größer der Dampfraum, um so besser trennt sich der Dampf vom Wasser und um so weniger Wasser wird der Dampf bei hoher Entnahme mitreißen; trockener Dampf ist in vielen Fällen erforderlich. Die zulässige Belastung des Dampfraumes ist abhängig von seiner Form (Ausdampffläche), der Reinheit des Kesselwassers (Dichte in °Baumé als Maß für den Salzgehalt) und bei Wasserrohrkesseln von der Art der Einführung des Wasser-Dampfgemisches in die Trommel. Bild 2.2 gibt einen Anhalt über die für störungsfreien Betrieb in einfachen Fällen mögliche *Dampfraumbelastung.* Bei Wasserrohrkesseln ist dabei der Dampfraum nach unten durch den mittleren Wasserstand und seitlich durch die äußeren Steigrohre mit Wasser-Dampf-Gemisch begrenzt. Einführen der Steigrohre unterhalb des Wasserspiegels ergibt unruhige Wasseroberfläche, Neigung zum Schäumen und feuchten Dampf. Einführen in den Dampfraum und Ausgießen auf die Wasserfläche ergibt bessere Trennung und läßt Belastungen bis zum deifachen der Diagrammwerte zu. Der Druck spielt eine untergeordnete Rolle. Als *Wasserspiegelbelastung* soll die Dampferzeugung 100 m³/h bis 300 m³/h je m² Wasserspiegel nicht überschreiten.

Als *Überhub* wird die senkrechte Höhe bezeichnet, um die das aufsteigende Wasser-Dampf-Gemisch nach Bild

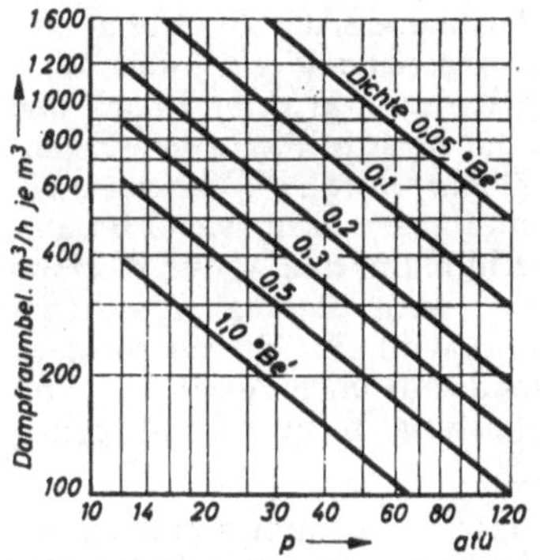

Bild 2.2. Zulässige Dampfraumbelastung.

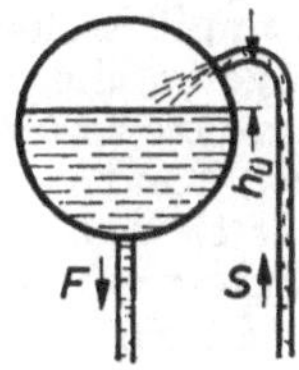

Bild 2.3. Steigrohreinführung. F Fallrohr, S Steigrohr, $h_ü$ Überhub.

2.3 über den Trommelwasserspiegel gehoben werden muß. Die erforderliche Auftriebskraft steigt aber nicht proportional der Vergrößerung der Gesamthöhe, weil nicht die Höhe *h*, sondern das Produkt $h \cdot \gamma$ für die Auftriebskraft maßgebend ist. Das ist besonders von Einfluß wenn die Rohre auch im oberen Teil beheizt werden können. Gute Trennung von Wasser und Dampf wird auch durch *Entmischungstrommeln* erreicht, die höher als die Kesseltrommel angeordnet sind. Das Wasser-Dampf-Gemisch, oder ein Teil desselben, wird in diese Trommeln geleitet; sie wirken wie die oberen Sammler von Eckrohrkesseln. Einrichtungen zum Abscheiden von Wasser unmittelbar in der Trommel sind im allgemeinen in ihrer Wirkung begrenzt; nur zyklonähnliche Einbauten zum Trennen von Wasser und Dampf zeigen beachtenswerte Wirkungen. Auch bei nachgeschalteten Überhitzern darf die zul. Dampfraumbelastung nicht überschritten werden, weil bei zu großem Feuchtigkeitsgehalt Wassertröpfchen bis zur Verbrauchsstelle mitgerissen werden können, bzw. im Überhitzer an der Stelle Salzablagerungen auftreten, an der das restliche, stark mit Salzen angereicherte Wasser verdampft.

Ein Maß für die beim Ausbleiben der Speisung auftretende Gefahr ist die *Absinkgeschwindigkeit* des Wasserspiegels bei voller Dampfleistung. Während nach den Dampfkesselbestimmungen die höchste Stelle der Feuerzüge im allg. mindestens 100 mm unter N-W liegen muß, um eine unzulässige Erwärmung der nicht wasserberührten Wandungen sicher zu verhindern, muß dieser Abstand auf 150 mm vergrößert werden, wenn die Absinkgeschwindigkeit größer als 10 mm/min wird. Es könnte sonst zu leicht ein gefährlicher Zustand entstehen, wenn bei Entnahme der vollen Dampfleistung nicht schnell genug nachgespeist wird.

Konstruktive Gestaltung des Wasserraumes und die Art der Beheizung bestimmen die *Bewegungsverhältnisse von Wasser und Dampf im Kessel.* Es werden im wesentlichen unterschieden:

N a t u r u m l a u f (auch als Selbstumlauf bezeichnet). Der Wasserraum ist so geformt und wird so beheizt, daß die Dampfblasen ungehindert aufsteigen ohne sich wieder abzukühlen. In allen Teilen des Kessels soll bei allen Belastungsstufen eine gleichmäßige Strömung herrschen. Naturumlauf ist im allg. nur gegeben bei Großwasserraum-Kesseln und bei Wasserrohr-Kesseln mit einer begrenzten Anzahl genügend weiter Rohre bzw. nicht zu hohen Strömungsgeschwindigkeiten.

Z w a n g u m l a u f. Soll ein Kessel nur ein verhältnismäßig kleines Wasservolumen haben und besonders leicht regelbar sein, ergeben sich zwangläufig Konstruktionen mit Rohren kleinen Durchmessers weil nur damit das erforderliche Verhältnis Wasservolumen zu Oberfläche (Heizfläche) zu erzielen ist. Man wird außerdem die *Heizflächenbelastung* steigern müssen. Der natürliche Auftrieb reicht dann nicht mehr aus, um so hohe Strömungsgeschwindigkeiten zu erzeugen, daß die an den beheizten Wänden sich bildenden Dampfblasen schnell genug weggespült werden, so daß örtliche Überhitzungen nicht auftreten können. Die hohen Rohrreibungswiderstände können nur durch eine Pumpe überwunden werden, die das Wasser aus der Kesseltrommel entnimmt und zwangläufig durch die Rohre drückt. In der Trommel (bei kleinen Kesseln in der sog. *Abscheideflasche*) werden Wasser und Dampf getrennt. Die Umwälzmenge beträgt je nach Bauart das 3fache bis 8fache der Dampfleistung.

Wenn bei Großwasserraum-Kesseln ohne ausreichende innere Heizfläche oder bei Umlaufschwierigkeiten an sonstigen Stellen eine Umwälzpumpe mit sehr geringer Druckhöhe angeordnet wird, um diese Umlaufschwierigkeiten zu beheben, so ist das kein Zwangumlaufsystem im eigentlichen Sinne; es ist eine Notlösung.

Durchlauf. Der Kessel besteht nur aus Rohren und den zu ihrer Verbindung erforderlichen Bauteilen. Das eingespeiste Wasser wird in einem Durchgang vollständig (oder nahezu vollständig) verdampft. Der Durchlauf wird durch die *Speisepumpe* bewirkt. Das Anpassen des Speisewasserdurchsatzes an die Dampfleistung und das Anpassen der Feuerungsleistung an den Speisewasserdurchsatz stellt unter Berücksichtigung der Durchlaufzeit hohe Anforderungen an die Regelung dieser Kessel.

Verhältnismäßig geringer Wasserinhalt eines Kessels ergibt geringe Anlaufzeit, aber auch geringe Speicher-

Tab. 2.1 Speicherfähigkeit und Anlaufzeit, nach [18]

Bauart		Flammrohr	Teilkammer	Steilrohr	Strahlungskessel	*) Sulzer
Dampfdruck	at	10	20	50	100	100
Dampfleistung	kg/h je m² Heizfl.	25	40	100	150	160
Wasserinhalt	m³ je m² Heizfl.	0,8	0,08	0,05	0,025	0,005
	m³ je t/h Dampf	12	2,0	0,5	0,17	0,03
Speicherfähigkeit bei 10% Druckabsenkg.	kg/m³ Wasser	8,6	10,4	14,9	22,4	22,4
	kg je t/h Dampf	69	20,8	7,5	3,7	0,7
Anlaufzeit	s	2500	750	270	135	25

*) Durchlauf-Kessel

fähigkeit. Lastschwankungen müssen durch feinfühlige Regelung und elastische Feuerung abgefangen werden. Anhaltswerte über das Verhalten der einzelnen Kesselbauarten gibt Tabelle 2.1.

Weitere Unterteilungen der Kessel (Rauchgasführung, Feuerungsart, Brennstoff) erfordern umfangreiche Beschreibungen entsprechend den Abschn. 3 und 8.

3. Bauarten der Kessel

Als konstruktiv günstigste Lösung zum Beherrschen hoher Drücke bei hohen Temperaturen bieten sich im Dampfkesselbau *zylindrische Mäntel* und *Rohre* an. Durch die Stahlwand hindurch wird die aus dem Brennstoff frei gewordene Wärme auf Wasser oder Dampf übertragen und je nachdem, welches Medium jeweils **im** Rohr strömt, werden unterschieden:

Großwasserraum-Kessel mit Flamm- und Rauchrohren, Wasserrohr-Kessel.

3.1. Großwasserraum-Kessel. Bei diesen Kesseln befindet sich Wasser in einem zylindrischen Druckkörper, der von Rohren durchzogen wird, durch die die Rauchgase strömen. Die verhältnismäßig große Wassermenge war maßgebend für die Bezeichnung dieser Kessel und gibt gleichzeitig Auskunft über ihre Eigenschaften. Der große Wasserinhalt bedeutet eine Energiespeicherung, so daß Lastschwankungen gut aufgefangen werden. Andererseits sind wegen der großen Wassermenge und wegen des trägen Umlaufs längere Anheizzeiten erforderlich. Der große Manteldurchmesser ergibt aus Wirtschaftlichkeitsgründen eine Druckbegrenzung auf 25 at.

3.1.1. Flammrohrkessel. Haben die Rauchgas-Führungsrohre einen größeren Durchmesser als 200 mm, bezeichnet man sie als *Flammrohre.* Sie nehmen dann auch meist die Feuerung auf, so daß tatsächlich Flammen sichtbar sind. Die einfachste Bauart ist der *Einflammrohrkessel.* Um größere Dampfleistungen zu erzielen, werden auch mehrere Flammrohre eingebaut, bei Schiffskesseln bis zu vier. Bild 3.1 stellt einen *Zweiflammrohr-Kessel* dar. Flammrohre werden als glatte Rohre oder als *Wellrohre* (größere Formsteifigkeit gegen Außendruck) ausgeführt. Die Kessel sind wasser- und rauchgasseitig leicht zu reinigen und stellen keine besonderen Anforderungen an die *Speisewasseraufbereitung*. Nach dem Verlassen des Flammrohres (I) werden die Rauchgase noch in den gemauerten Zügen (II und III) am Kesselmantel entlang geführt. Damit wird eine bessere Wärmeausnutzung erreicht, der Wasserumlauf im Kessel unterstützt und ein Teil der Flugasche bereits in den Zügen abgeschieden.

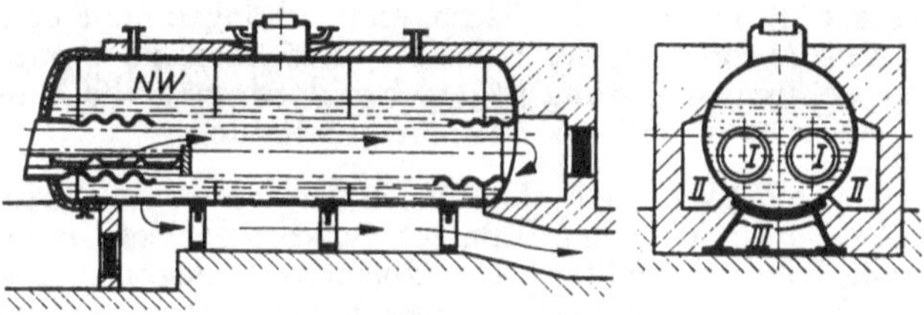

Bild 3.1. Zweiflammrohr-Kessel.

Als Anhalt für übliche Ausführungen der Flammrohr-Kessel können folgende Werte dienen:

		Einflammr.	Zweiflammr.
Betriebsdruck	at	6 ··· 18	6 ··· 22
Dampfleistung	kg/h	400 ··· 1600	1250 ··· 4500
Heizflächenbelastung	kg/m² h	30	30
Wasserinh./Heizfläche	l/m²	200 ··· 280	180 ··· 250

Der Anteil der Flammrohrkessel am Gesamtbestand verringert sich stetig zu Gunsten der *Flammrohr-Rauchrohr-Mehrzugkessel* und der *Schnelldampferzeuger*. Der Anteil der Neubauten betrug im Jahre 1963 bei den Flammrohrkesseln 2 %, bei den Mehrzugkesseln 38,2 %. Das Normblatt DIN 2904, Flammrohrkessel, (7. 1948) ist 1965 zurückgezogen worden. Eine Neuausgabe wird nicht für erforderlich gehalten.

3.1.2 Rauchrohrkessel. Flammrohre ergeben im Verhältnis zum Volumen nur kleine Heizflächen. Mehrere Rohre kleinen Durchmessers ergeben zwar eine größere Heizfläche, aber die Feuerung muß dann außerhalb des Kessels angeordnet werden *(Vorfeuerung, Unterfeuerung)*. Deshalb wird diese Bauart fast nur noch bei *Abhitzekesseln* (Ausnutzung der Abgaswärme anderer industrieller Feuerungen) angewendet. Der Oberkessel des *Doppelkessels* nach Bild 3.2 ist ein Rauchrohrkessel.

3.1.3. Flammrohr-Rauchrohr-Kessel. Durch Anordnen von Flammrohren und Rauchrohren gemeinsam in einem Kesselkörper unter Einbeziehen der Feuerung ist eine wesentlich größere Heizfläche unterzubringen und eine bessere Ausnutzung der Rauchgaswärme möglich. Grenze der Leistungssteigerung ist gegeben durch mögliche Feuerungsleistung und zul. Flammrohrbelastung.

D o p p e l k e s s e l , bei denen ein Flammrohrkessel mit einem darüber angeordneten Rauchrohrkessel zusammengebaut ist, stellten eine Übergangslösung dar. Die Rauchgase werden auch an den Kesselmänteln entlang

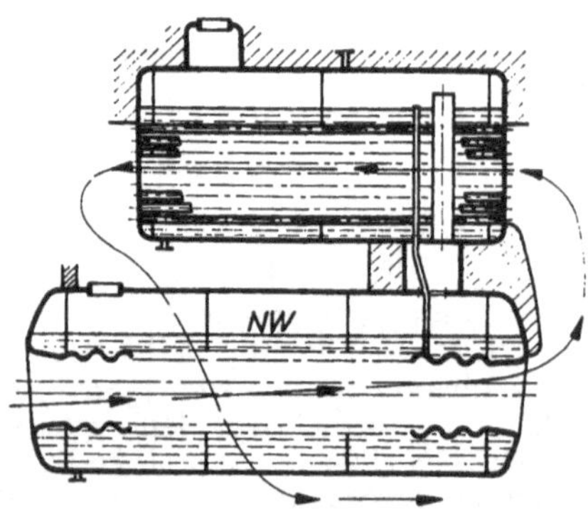

Bild 3.2. Druckkörper eines Doppelkessels.

geführt. Die empfindliche Stelle ist die Verbindung der beiden Kessel miteinander (Wärmespannungen). Der Unterkessel kann mit Wasser vollgefüllt betrieben werden (max. Speicherfähigkeit) oder er erhält einen eigenen Dampfraum wie in Bild 3.2 dargestellt. Neubau dieser Kessel erfolgt nicht mehr.

Bei den eigentlichen *Flammrohr-Rauchrohr-Kesseln*, mit Flammrohr und Rauchrohren in einem Kesselkörper, unterscheidet man *vorgehende* und *rückkehrende* Rauchrohre. Die Kessel werden im allgemeinen nicht eingemauert, sondern erhalten eine *Isolierung mit Blechummantelung*.

Bei Lokomobilkesseln nach Bild 3.3 strömen die Rauchgase aus dem Flammrohr weiter voran unmittelbar in die Rauchrohre und aus der *Rauchkammer* (Rauchgas-Sammelkammer) in den *Fuchs* oder einen auf die Rauchkammer aufgesetzten Blechschornstein. Das gesamte System Flammrohr-Rauchrohre ist ausziehbar, so daß leichte Reinigungsmöglichkeit gegeben ist, z. B. bei beweglichen Kesseln mit wechselnden Speisewasserverhältnissen. In die Rauchkammer kann ein *Überhitzer* eingebaut werden. Gefahrenstellen bei dieser Bauart sind die Schraubverbindungen zwischen Kesselkörper und Rohrsystem (Verformungen durch unsachgemäßes Anziehen bei Längendifferenzen, Undichtheiten, Korrosion).

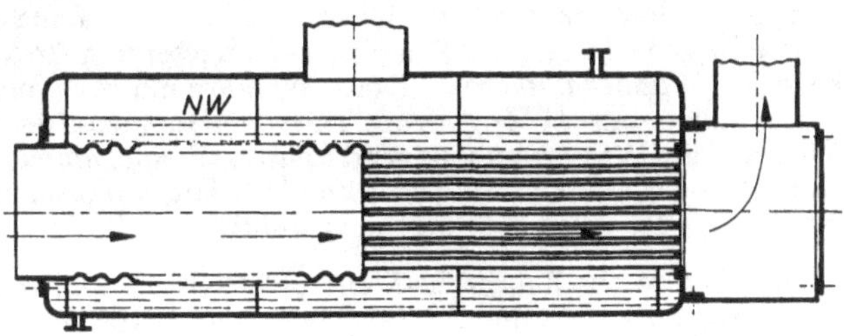

Bild 3.3. Lokomobilkessel.

Der Hollandkessel nach Bild 3.4 hat ein verhältnismäßig großes, kurzes Flammrohr, anschließende *vorgehende Rauchrohre* über einen Teil des Flammrohrquerschnittes (Zug II) und noch zwei weitere unter Zug II liegende Umkehrzüge (III und IV). Durchmesser und Länge des Kessels können den jeweiligen räumlichen Verhältnissen angepaßt werden. Der Kessel hat beim Anfahren schlechten Wasserumlauf und ist empfindlich gegen unzureichend aufbereitetes Speisewasser.

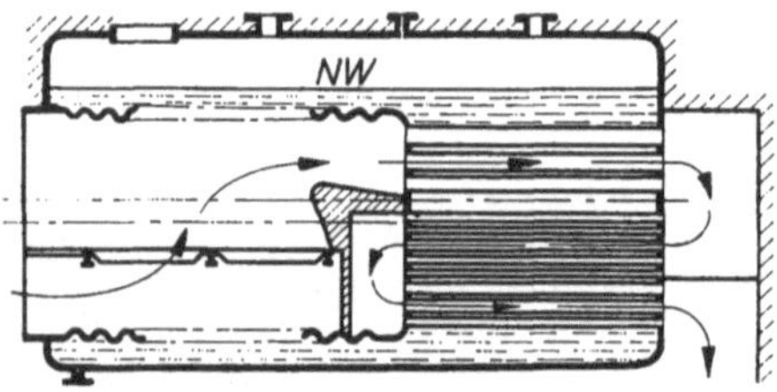

Bild 3.4. Hollandkessel.

Der Flammrohr-Rauchrohr-Mehrzugkessel (3, seltener 4 Züge) ist eine konstruktiv einfache und heute bevorzugt angewendete Bauart. Das Flammrohr ist im Kesselkörper seitlich oder nach unten versetzt und die Rauchrohre (Zug II und III) sind auf der freien Seite oder oberhalb des Flammrohres angeordnet. Es werden auch Kessel mit zwei Flammrohren und darüber liegendem Rohrpaket gebaut. Die Umlenkung der Rauchgase erfolgt in außen am Kesselkörper angesetzten (trokkenen) *Wendekammern*. Die Wendekammer vom Flammrohr zum II. Zug wird auch vollkommen oder teilweise im Wasserraum liegend *(nasse Wendekammer)* oder als ein an den Kesselwasserkreislauf angeschlossener *Rohrkäfig* (mit Ausmauerung) ausgeführt.

Die Flammrohr-Rauchrohr-Mehrzugkessel werden, mit einer wirksamen Isolierung umgeben, meist auf einem Grundrahmen montiert und mit dem größten Teil der

Ausrüstung versehen, zum Versand gebracht. Je enger die Berohrung ausgeführt wird, um so mehr Heizfläche ist zwar auf einem gegebenen Raum unterzubringen, aber um so kleiner wird der Wasserinhalt, um so empfindlicher ist der Kessel gegenüber Belastungsschwankungen und um so schlechter ist er zu reinigen. In entsprechendem Maße werden höhere Anforderungen an die Speisewasseraufbereitung und an die Regelung von Wasserstand und Feuerung gestellt. Bezüglich der *Besichtigungsöffnungen* sind bestimmte Mindestforderungen einzuhalten.

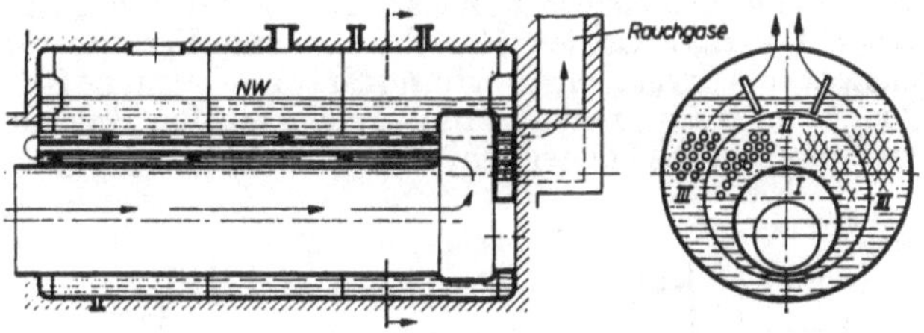

Bild 3.5. Flammrohr-Rauchrohr-Dreizugkessel

Besonders die Kesselbauarten mit rückkehrenden Rauchrohren haben keinen auf den Kesselmantel aufgesetzten *Dampfdom*. Bei besonderen Anforderungen an Reinheit und Trockenheit des Dampfes werden Überhitzer (absperrbar und unabsperrbar) in der hinteren Wendekammer angeordnet. Der Zugbedarf steigt erheblich (50 . . . 130 mm WS am Kesselende), so daß *Unterwind-* oder *Saugzuggebläse* erforderlich sind. Ölfeuerungen werden als *Überdruckfeuerungen* ausgeführt.

Betriebsdruck	bis 25 at
Dampfleistung	bis 16 t/h
Heizfläche	20 bis 250 (400) m²
Heizflächenbelastung	bis 45 kg/m² h
Wasserinhalt/Heizfläche	90 bis 100 l/m²

3.1.4. Stehende Kessel kleiner Leistung. Für Dampferzeugung von 40 bis 1500 kg/h bei Drücken zwischen 6 und 10 at (Heizfläche 2 bis 60 m²) werden auch stehende Kessel mit nach oben gerichtetem Einzug-Rauchgasstrom gebaut. Sie benötigen eine geringe Aufstellungsgrundfläche und werden nicht eingemauert, sondern mit Isoliermantel umgeben. Die bekanntesten Ausführungen sind der *Quersieder* und der *Feuerbuchs-Rauchrohr-Kessel* nach Bild 3.6 und 3.7. In den Kesselmantel ist im unteren Teil die *Feuerbuchse* eingesetzt, die die Rost- oder Gasfeuerung aufnimmt. Nachträglicher Einbau einer Ölfeuerung widerspricht meist der Konstruktionsidee dieser Kessel. Zwischen Feuerbuchse und Kesselmantel entsteht ein schmaler, ringförmiger Wasserraum. Beim Quersieder ist die Feuerbuchse verhältnismäßig lang und wird von etwas geneigten (Aufwärtsströmung) *Quer-*

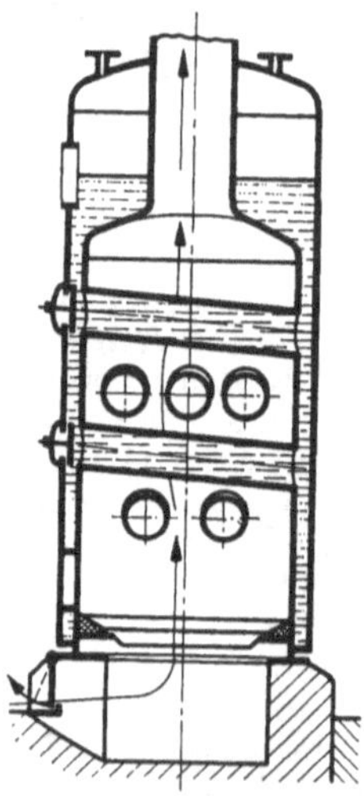

Bild 3.6. Quersieder-Kessel.

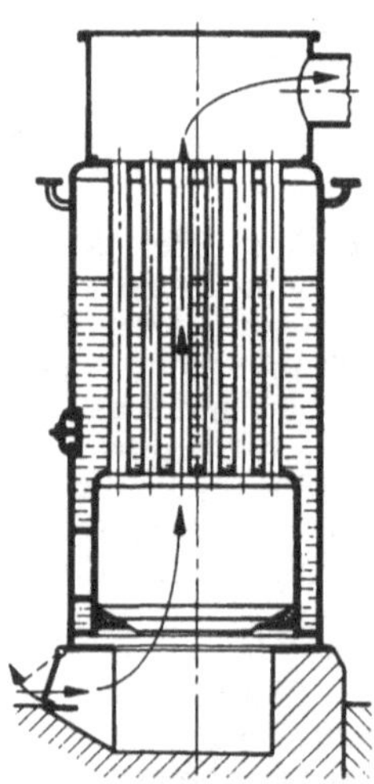

Bild 3.7. Stehender Rauchrohrkessel.

rohren unterschiedlichen Durchmessers durchzogen. Von der Feuerbuchse führt das Rauchgasrohr entweder seitlich, noch im Wasserraum liegend, nach außen, oder es wird senkrecht nach oben durch den Dampfraum geführt. Sonderausführungen mit mehreren Rohren bei großem Steigungswinkel (bis senkrecht) werden als *Steilsieder* bezeichnet.

Beim Rauchrohrkessel führen von der verhältnismäßig kurzen Feuerbuchse eine größere Anzahl Rauchrohre zum oberen Kesselboden. Über diesem werden die Rauchgase gesammelt und in einen gemeinsamen Abzug geleitet. Zweizug-Bauart mit Wendekammer oben und unterem Fußring als Rohrplatte wird nur vereinzelt gebaut. Dampfberührte Rauchrohre sind nur zulässig, soweit die Rauchgastemperatur $\leqq$ 400 °C. Beim Quersieder wird in das senkrechte Rauchrohr ggf. ein Schutzrohr, in dem sich ein Rauchgaspolster anstaut, eingesetzt. Die stehenden Kessel werden vielfach durch leistungsfähigere kleine Flammrohr-Rauchrohr-Mehrzugkessel oder Sonderbauarten verdrängt.

3.2. Wasserrohrkessel. Im Gegensatz zu den unter 3.1. behandelten Großwasserraum-Kesseln können als *Wasserspeicher* und *Ausdampfgefäß* auch eine oder mehrere kleine, unbeheizte *Trommeln* angeordnet werden. Wird an diese ein System beheizter Rohre kleinen Durchmessers ($d_a \leqq 102$ mm) so angeschlossen, daß *thermischer Umlauf* entsteht, erhält man *Wasserrohr-Kessel.* Bei geringerem Wasserinhalt und Platzbedarf sind größere Heizflächenbelastungen möglich, sofern der Umlauf gewährleistet ist. Die Wasserrohre kleinen Durchmessers ermöglichten bei wirtschaftlichen Wanddicken überhaupt erst das Vordringen in Gebiete höherer Drücke.

3.2.1. Schrägrohrkessel. Die unter einem Winkel von etwa 15 ° ansteigenden *Wasserrohre* W mit Durchmesser um 100 mm sollen einen *natürlichen Wasserumlauf* gewährleisten (Bild 3.8). Die Rohre sind oben und unten in *Kammern* K eingewalzt. An Stelle der anfangs ausgeführten, über die gesamte Kesselbreite reichenden *Vollkammern* (starrer Kesselkörper) wurden später Vierkant-*Teilkammern* in geradliniger oder gewellter (versetzte Rohrreihen) Form verwendet. Die einzelnen Kammern (Bild 3.9) nehmen jeweils nur die Rohre einer senkrechten Reihe auf. Die Kammern stehen dicht nebeneinander und die Wand mit den eingewalzten Rohren bildet den Abschluß des Feuerraumes. In der Kammerwand gegenüber der Einwalzstelle befindet sich eine durch einen ovalen *Pilz* (durch Innendruck selbstdichtend) verschlossene Öffnung zum Einführen des *Walzwerkzeuges* und zum späteren Reinigen und Besichtigen der Rohre. Von den Kammern auf der Eintrittsseite führt ein Rohr zum *Schlammsammler* S. Das Normblatt DIN 2907 (6. 1941) über Vierkantteilkammern ist zurückgezogen worden, weil nicht mehr danach gearbeitet wird. Soweit noch Kammern hergestellt werden, erhalten sie eingeschweißte Rohre und auf der Gegenseite nur zwei Besichtigungsöffnungen. Die begrenzte Besichtigungsmöglichkeit stellt hohe Anforderungen an Kessel- und Speisewasser und macht *chemische Reinigung* erforderlich. Die Anzahl der übereinander angeordneten Rohre ist begrenzt (bis 8), damit nicht durch gegenseitige Beeinflussung

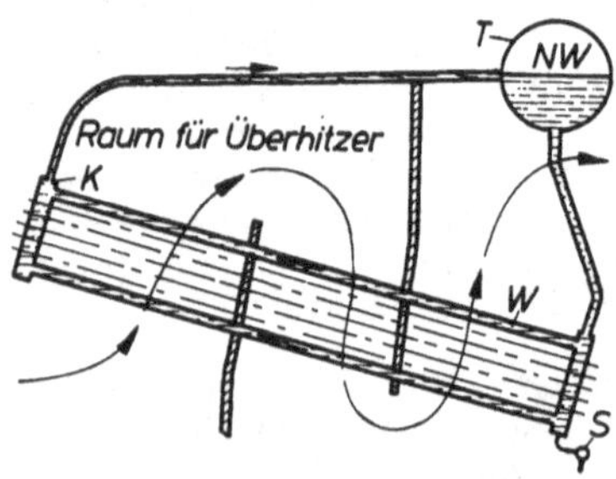

Bild 3.8. Schema des Schrägrohrkessels.

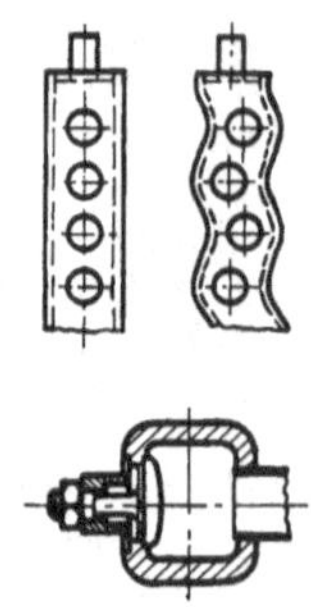

Bild 3.9. Teilkammern.

(Umlaufstörungen durch unterschiedliche Beheizung, stehende Dampfblasen) Schäden entstehen (Rohrreißer).

Aus der längs oder quer angeordneten Kesseltrommel T fließt das Wasser durch unbeheizte Fallrohre F den Teilkammern zu und steigt unter Einwirkung der Beheizung in den schrägen Rohren bei gleichzeitiger Dampfblasenbildung nach oben. In der Trommel trennt sich der Dampf vom Wasser. Um eine sinngemäße Beheizung der Rohre zu erzielen, wird der Rauchgasstrom durch gemauerte Wände so geleitet, daß erst der obere, wärmere Teil und dann der untere, kältere Teil der Rohre bestrichen wird.

Schrägrohrkessel werden gebaut für Drücke bis 80 at und Heißdampftemperaturen bis 450 °C. 1963 gab es in der Bundesrepublik einschl. Westberlin noch 2400 Schrägrohrkessel. Der Bestand verringert sich jährlich um 4 bis 6 %; der Anteil an den Gesamtneubauten beträgt nur 0,2 bis 0,3 %.

3.2.2. Steilrohrkessel. Eine weitere Verringerung des Wasserinhaltes des Kessels im Verhältnis zur Heizfläche ergibt sich bei der als *Steilrohrkessel* bezeichneten Bauart nach Bild 3.10. Es sind keine Teilkammern vorhanden, sondern eine quer liegende obere und untere verhältnismäßig kleine, unbeheizte *Trommel*. Mehrere, untereinander verbundene Ober- bzw. Untertrommeln haben sich nicht bewährt. Es ergeben sich kein eindeutiger Wasserumlauf und besonders beim Anfahren sehr ungünstige Beanspruchungen durch den unterschiedlichen Wärmezustand der einzelnen Teile. Das in die Obertrommel eingespeiste Wasser fließt durch nicht oder nur gering beheizte Fall-

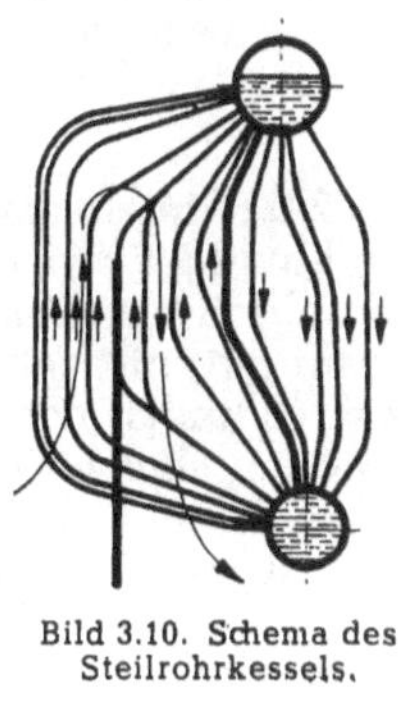

Bild 3.10. Schema des Steilrohrkessels.

rohre zur Untertrommel. Von hier aus führen „steil“ bis senkrecht die beheizten Siederohrbündel zur Obertrommel. Die Rohre werden radial in die Trommel eingeführt, sonst aber beliebig gebogen und damit dem Feuerraum und einer zweckmäßigen Rauchgasführung angepaßt. Das gesamte System ist in sich elastisch. Diese Bauart ermöglichte zugleich eine weitere Steigerung des Betriebsdruckes gegenüber dem Schrägrohrkessel mit der verhältnismäßig großen Trommel und den ebenwandigen Teilkammern. Die Vielzahl der Verschlüsse entfällt. In den Siederohren steigt infolge der Erwärmung und der im oberen Teil einsetzenden Dampfbildung das gegenüber dem kalten, schweren Wasser in den *Fallrohren* leichtere Wasser-Dampf-Gemisch nach oben. In der Trommel wird der Dampf vom Wasser getrennt und dann dem Überhitzer zugeführt. Die Kessel werden heute meist mit einem als *Strahlungsteil* ausgebildeten, dicht berohrten Feuerraum betrieben. Die Anforderungen an das Speisewasser und an die Feuerungsregelung sind hoch. Die Heizflächenbelastung entspricht einer Dampferzeugung bis zu 200 kg/m^2 h. Fallrohre sollen nicht *verdämmt*, d. h. nicht in Mauerwerkshohlräumen, angeordnet werden. Die Rohre sollen der Besichtigung zugänglich bleiben und bei Rohrschäden sollen keine Sekundärschäden durch Zerstören des Mauerwerkes entstehen bzw. andere Teile der Kesselanlage nicht in Mitleidenschaft gezogen werden.

3.2.3. Strahlungskessel. Die Wärmeübertragung durch Strahlung ist proportional der Differenz der 4. Potenzen der absoluten Temperaturen, während diejenige durch Berührung nur proportional der 1. Potenz ist. Man baut deshalb unter der Voraussetzung einer leistungsfähigen Feuerung hohe Feuerräume, deren Wände durch senkrechte Siederohrreihen mit oberen und unteren *Sammlern* gekühlt werden. Dabei bewirken sog. *Rücklaufrohre* zwischen oberen und unteren Sammlern einen unmittelbaren Umlauf und entlasten damit die Trommel und die Fallrohre von Umlaufwasser. Die Maßnahmen für eine gleichmäßige Verteilung des Wassers in den unteren Sammlern und den ungleichmäßig beheizten Siederohren sind sorgfältig abzuwägen, damit bei allen Belastungsverhältnissen und Betriebszuständen des Kessels der Wasserumlauf erhalten bleibt und Schäden vermieden werden. Die örtliche Heizflächenbelastung kann bis zu 300 000 kcal/m² h ansteigen gegenüber 10 000 bis 25 000 kcal/m² h bei Berührungsheizflächen.

Dem *Strahlungsteil* werden meist ein Berührungsteil und die Überhitzer nachgeschaltet und die Rauchgase dann im 2. Zug zur Speisewasser- und Verbrennungsluft-Vorwärmung (hohe Verbrennungstemperatur), ggf. auch zur *Vor-* und *Zwischenüberhitzung*, ausgenutzt. Es ist auch möglich, übliche Kesselbauarten, wie Steilrohrkessel, Schrägrohrkessel und auch Rauchrohrkessel mit einem Strahlungsteil zu kombinieren, um bei guten Feuerungswirkungsgraden den Betriebsverhältnissen Rechnung zu tragen. Der Strahlungsteil muß so bemessen sein, daß die Rauchgase vor Eintritt in die Berührungsheizfläche bis auf unter 900 °C abgekühlt sind, weil der *Aschenerweichungspunkt* bei 900 bis 1000 °C liegt und sonst die weiche Asche an den Berührungsheizflächen festklebt. Bei steigenden Drücken und Temperaturen wird der Heizflächenanteil für Verdampfung immer kleiner zu Gunsten der Anteile für Vorwärmung und Überhitzung. So kann z. B. bei 600 °C Heißdampftemperatur die Überhitzerheizfläche bis zu 50 % der gesamten Heizfläche beanspruchen.

Alle *Großkessel* sind als Strahlungskessel gebaut; dabei sind folgende Grenzwerte üblich (Werte in Klammern bei einzelnen Anlagen):

max. Betriebsdruck	225	(350) at
max. Betriebstemperatur	540	(660) °C
max. Dampfleistung	1000	(3000) t/h

Bauhöhen bis über 100 m (Einzugkessel)

Bei *Betrieb im überkritischen Bereich* befindet sich das Medium in einem homogenen Zustand. Störungen oder Schäden durch *Filmverdampfung* können nicht auftreten.

Bei der *Verkleidung* der Kessel kam man von der gemauerten Ausführung immer mehr zur *Blechverkleidung* mit *Zwischenisolierung*. Um günstige Feuerraumbelastungen zu erzielen und die Druckverhältnisse im Feuerraum zu beherrschen (Falschlufteintritt, Überdruckfeuerung), werden die Feuerraumrohre dicht bei dicht angeordnet und außen Bleche aufgeschweißt, die den Feuerraum gasdicht abschließen. Auf diese Bleche wird die Isolierung aufgebracht mit einer *leichten äußeren Blechverkleidung*. Die Rohre werden an den Enden *eingezogen*, um sie in die Sammler einschweißen oder an die in die Sammler eingeschweißten Stutzen anschweißen zu können.

Um bereits die Rohrwand in sich dicht herzustellen, wurden an die Rohre flache Stege angeschweißt und diese wieder miteinander verschweißt, oder je zwei Rohre wurden unmittelbar mit einem Steg oder nur unter Zwischenlegen eines dicken *Schweißdrahtes* miteinander verschweißt. Neuerdings gelangt ein besonderes Bauelement, das *Flossenrohr* nach Bild 3.11, zur Anwendung. Es ist ein *nahtlos gewalztes oder gepreßtes Rohr mit zwei gegenüberliegenden flossenartigen Ansätzen.* $d = 31{,}8$ mm bis 57 mm, Gesamtbreite $b = (1{,}25 \ldots 1{,}5)\, d$, $s = 3{,}6$ mm bis 5 mm entsprechend den üblicherweise verwendeten Rohrabmessungen. Die einzelnen Rohre werden in der Werkstatt maschinell erst paarweise, dann gruppenweise zu gasdichten Rohrwänden zusammengeschweißt (Schweißgeschwindigkeit $\approx$ 900 mm/min). Diese *Membranwände* werden durch Bandagen versteift, damit sie die Druckschwankungen des Feuerraumes ohne unzulässige Verformungen aufnehmen können. Neben Erzielung gasdichter Rohrwände erhöht sich durch diese Bauweise der Anteil der qualitativ und wirtschaftlich günstigeren

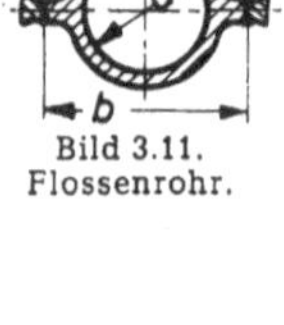

Bild 3.11. Flossenrohr.

Werkstattarbeit gegenüber der Baustellenarbeit. Bei reiner Baustellenschweißung genügt manchmal auch Dichtschweißen auf der Feuerseite.

3.2.4. Eckrohrkessel. Wasserrohrkessel benötigen, unabhängig vom *Kesselhaus,* ein besonderes *Gerüst,* in dem sie an einer Stelle fest gelagert sind, sich unter Wärmeeinwirkung aber frei dehnen können. Beim *Eckrohrkessel,* Bild 3.12, bildet ein Gerüst aus unbeheizten, senkrechten Rohren (Fallrohre a, Rücklaufrohre b) und ihren Querverbindungen (Seitenwandverteiler c, Rückwandverteiler d, Stirnwandverteiler e, Quersammler f, Längssammler g) zugleich einen Teil des Wasserumlaufsystems. Eine Kesseltrommel kann außerhalb oder innerhalb des Systems angeordnet werden. Aufsteigendes Wasser-Dampf-Gemisch kann sich bereits in den Sammlern (f, g) trennen. Dampf strömt durch Überströmrohre h in die Trommel und Wasser durch Rücklaufrohre b zur unteren Verteilung. Die Trommel wird entlastet.

Der Kessel besteht meist aus einem Strahlungsteil mit *Siederohrwänden* und eingebauten oder nachgeschalteten *Berührungsheizflächen,* die weitgehend den Betriebserfordernissen angepaßt werden können. Ebenso kann die

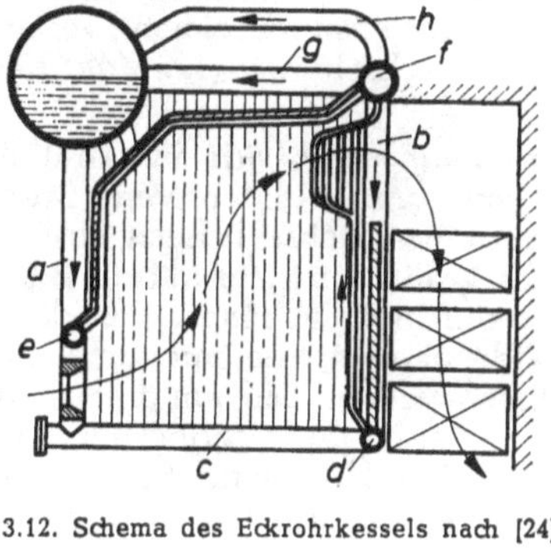

Bild 3.12. Schema des Eckrohrkessels nach [24].

Trommel nach Größe und Anordnung den betrieblichen und räumlichen Verhältnissen entsprechend ausgebildet werden, ggf. auch selbst wieder als Rauchrohrkessel. Bei Verwendung *gerader Siederohre* mit Reinigungsöffnungen ist man an bestimmte Konstruktionen gebunden, ist aber hinsichtlich des Speisewassers etwas freizügiger. Mit *gebogenen Rohren* ist eine günstige Gestaltung des Feuerraumes möglich, aber es müssen höhere Anforderungen an das Speisewasser gestellt werden. Die Umlaufverhältnisse sind durch die Ausbildung der Rücklaufrohre und ggf. durch den Einbau von Drosselstellen zu beherrschen.

Eckrohrkesselsysteme werden bei Feuerungsumbau zwecks Leistungssteigerung vorhandener Kessel als Strahlungsteil vorgebaut. Als Grenzwerte für ausgeführte Eckrohrkessel können gelten:

Dampfleistung D' bis 140 t/h
Betriebsdruck p bis 67 at
Heißdampftemperatur $t_ü$ bis 350 °C.

3.2.5. Zwangumlaufkessel. Bei Naturumlaufkesseln sind zur Sicherstellung eines *eindeutigen Wasserumlaufes* hinsichtlich der Feuerraumgestaltung und der Heizflächenbelastung bestimmte Grenzen gezogen. Um die in Grenzfällen auftretenden Schwierigkeiten zu umgehen, wurde ein *Zwangumlauf- und Zwangsverteilungssystem* entwickelt, das nicht etwa mit einem „verbesserten Naturumlauf" zu verwechseln ist (*La-Mont*-Kessel ungefähr seit 1930).

Bei *Naturumlauf* stellt sich in parallel geschalteten Steigrohren eine um so intensivere Strömung ein, je stärker die einzelnen Rohre beheizt sind (Dampfblasenbildung ergibt große Auftriebskräfte). Bei *Zwangumlauf* ist der Wasserdurchsatz abhängig von den im Rohr auftretenden Widerständen, die mit zunehmender Dampfbildung größer werden. Die am intensivsten beheizten Rohre würden also den geringsten Wasserdurchsatz haben und bald verbrennen. Bei verzweigten Rohrsystemen wird deshalb *durch Düsen für jedes Rohr ein*

Vordruck eingestellt (Drosseldüsen), der einen gleichmäßigen Wasserdurchsatz und einen störungsfreien Betrieb des Kessels bei allen Belastungen gewährleistet.

Nach Bild 3.13 haben die Kessel eine Trommel, deren Größe sich nach den Betriebsanforderungen richtet. Dabei sind größere Dampfraumbelastungen (m^3/h je m^3) zulässig als bei anderen Kesselbauarten. Von der Trommel aus fließt das Wasser der Umwälzpumpe U unmittelbar zu. Diese drückt es durch die *Verdampfungsheizfläche* D und in der Trommel werden Wasser und Dampf getrennt. Bezüglich der umzuwälzenden Wassermenge hielt man früher das sechs- bis achtfache der verdampften für erforderlich. Heute wird der dreifache Durchsatz als ausreichend erachtet bei einer Eintrittsgeschwindigkeit des Wassers von mindesten $v = 0{,}5$ m/s. Für eine *gleichmäßige Verteilung des Umlaufwassers auf parallele Rohre* wird unter Berücksichtigung von Länge und Querschnitt der Rohre, sowie Geschwindigkeit und Dichte des Wasser-Dampf-Gemisches in Rohrmitte der Druckabfall ermittelt und für die einzelnen Rohre die *Abmessung der Drosseldüse* festgelegt. Vor der Drosseldüse wird ein Schutzsieb angeordnet, damit im Verteiler niedergeschlagene Verunreinigungen nicht in die Rohre gespült werden. Wegen des Zwangumlaufes können die Rohre auch *waagerecht geführt* oder als *Spiralen* angeordnet werden. Bei Rohrschäden kann wegen des geringen Wasserverlustes infolge der Drosseldüsen ein Kessel noch so lange

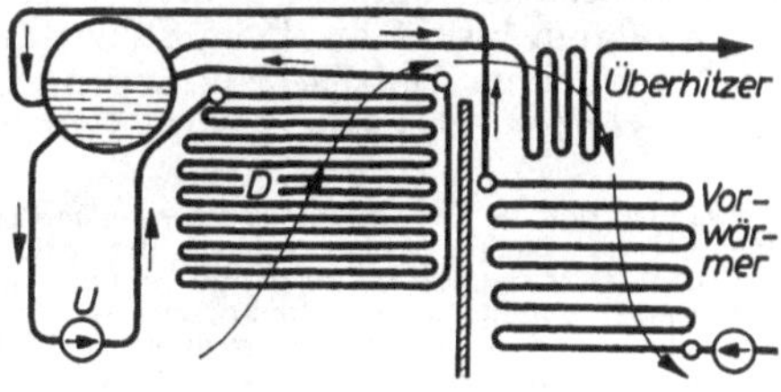

Bild 3.13. Schema des Zwangumlaufkessels.

in Betrieb gehalten werden bis ein Reservekessel so weit hochgefahren ist, daß er die Last übernehmen kann. Der *Differenzdruck* der Umwälzpumpe beträgt rd. 2,5 at, der Leistungsbedarf rd. 0,5 % der Kesselleistung ($\approx$ 1 kW je t/h Dampf).

Zwangumlaufkessel unterliegen hinsichtlich des Leistungsbereichs keinen Einschränkungen. Sie werden gebaut für Drücke bis 190 at. Da beim Anfahren schnell ein Temperaturausgleich erfolgt, werden sie zweckmäßig dann eingesetzt, wenn kurze Anfahrzeiten gefordert werden. Wegen des geringen Gewichtes spielen sie eine Rolle im Fahrzeugbau. Die gute Anpassungsfähigkeit der Zwangumlaufsysteme machen sie für den Umbau älterer Kessel zwecks Leistungssteigerung besonders geeignet. Mit Ölfeuerung ergeben sich Feuerraumtemperaturen bis 1280 °C bei Feuerraumbelastungen bis 220 000 kcal/m³ h und Heizflächenbelastungen bis 300 000 kcal/m² h (Vollentsalzung des Speisewassers entspr. Abschn. 4.2).

3.2.6. Durchlaufkessel. Mit Steigerung des Betriebsdruckes führte die Entwicklung des Dampfkessels sinnvoll zum *Durchlaufkessel,* weil mit steigendem Druck die Dichte von Wasser und Dampf sich immer mehr annähern und damit die für den Naturumlauf erforderlichen Auftriebskräfte immer geringer werden. Naturumlaufkessel werden praktisch nur bis 140 at gebaut, bei Drücken über 190 at ist der Durchlaufkessel die alleinige Bauart[1]). Durchlaufkessel bestehen nur aus Rohren kleinen Durchmessers (d_a = 30 mm bis 50 mm beim Sulzer-Kessel), die auch durch Sammler zu Heizflächengruppen zusammengefaßt werden können. *Das eingespeiste Wasser wird in*

[1]) Um Verwechslungen in der Gruppe der *Zwanglaufkessel* zu verhindern, sind in der Dampfkesselverordnung die Begriffe *Zwangumlauf-Kessel* und *Durchlaufkessel* festgelegt worden (früher auch Zwangdurchlauf-Kessel üblich). In der Praxis sind als Durchlaufkessel bekannt der *Benson-Kessel,* der nach Lizenzen der Fa. Siemens-Schuckert von verschiedenen Firmen gebaut wird und der *Sulzer-Einrohr-Kessel,* der ebenfalls von verschiedenen Firmen in Lizenz gebaut wird.

einmaligem Durchlauf bei unterkritischem Druck vorgewärmt, verdampft und überhitzt. In Anlagen mit überkritischem Druck erfolgen Vorwärmung, Dampfbildung bei Überschreiten der kritischen Temperatur von 374,15 °C und Überhitzen des Dampfes. In der Strahlungsheizfläche erfolgt Verdampfung bis zu 85 %, die Restverdampfung in Gebieten niedrigerer Rauchgastemperatur.

Der Durchfluß wird allein durch die Speisepumpe bewirkt. Die Durchlaufzeit beträgt je nach Kesselgröße bis zu 10 Minuten. Der zu überwindende *Rohrreibungswiderstand* und damit der erforderliche *Pumpendruck* wird geringer mit steigendem Betriebsdruck, weil der Unterschied zwischen Dampf- und Wasservolumen kleiner wird. Der *Druckabfall* innerhalb des Systems ist von vielen Faktoren abhängig und schwankt etwa zwischen 3 % und 5 % des Betriebsdruckes. Bei großen Dampfleistungen werden zwei oder mehrere getrennte, auf die einzelnen Feuerraumwände verteilte Rohrsysteme mit eigener Speisung, Regelung und Heißdampfkühlung ausgeführt, um *Schieflagen der Feuerung* ausgleichen zu können. Aus dem gleichen Grund werden Rohrstränge überkreuzt oder spiralförmig um den Feuerraum herumgeführt oder Mischstellen eingebaut.

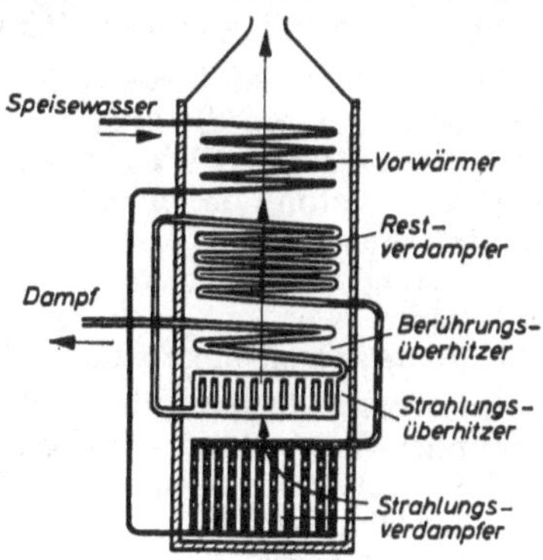

Bild 3.14.
Schema des Durchlaufkessels nach [23].

Trommeln, Fallrohre großen Durchmessers oder größere Sammler besitzen Durchlaufkessel nicht. Die einzelnen Rohrsysteme bestehen aus mehreren parallelen Rohrsträngen ohne zusätzliche Querverbindungen. Weil der Druckabfall in Abhängigkeit vom Durchsatz ein *unstabiles*

Verhalten zeigt, besonders bei *niedrigen Betriebsdrücken, bei geringer Beheizung* (Wärmestromdichte) und *bei geringer Eintrittsenthalpie,* sind besondere Maßnahmen erforderlich, um in allen Rohren bei allen Betriebszuständen einen ausreichenden Durchfluß sicherzustellen. Im unterkritischen Bereich erfolgt entweder eine *gegenläufige Abstimmung der Widerstandscharakteristik in der Vorwärmer- und Verdampfungsheizfläche,* oder im Bereich der Verdampfung werden nur die Rohre mit Aufwärtsströmung beheizt (Auftrieb gleichsinnig mit Strömung) und die Rohre mit Abwärtsströmung unbeheizt gelassen. Ist diese Anordnung nicht möglich oder zu aufwendig, werden in jedes Rohr *Drosselblenden* eingebaut, die eine *stabile Druckabfall-Durchsatz-Charakteristik* ergeben und beliebige Rohrführung gestatten.

Zum Beherrschen der *Teillastverhältnisse* werden auch Mischkammern eingeschaltet und zusätzlich Umwälzpumpen und Abscheidegefäße eingebaut. Waagerechte Rohrführung, *waagerechte Mäanderbandanordnung* oder spiralförmige Rohrführung um den gesamten Kessel ergeben lange Rohrstrecken im gleichen Temperaturgebiet. Sie ermöglichen auch die Auskleidung von Teilen des Feuerraumes mit geringer Höhe.

Der Aufbau des Kessels als Rohrsystem stellt höchste Anforderungen an die Qualität des Speisewassers. Sofern kein *vollentsalztes Wasser* eingespeist wird, muß die Restverdampfung in einer Zone geringer Wärmestromdichte liegen, damit keine Schäden entstehen. Die Salzablagerungen müssen in entsprechenden Zeitabständen ausgespült werden, oder es wird ein *Abscheider mit Dauerentsalzung* eingebaut.

Im Abscheidegefäß des *Sulzer*-Kessels wird ein bestimmter Wasserstand gehalten *(Festpunkt des Systems)* und für den nachgeschalteten Überhitzerteil gilt bezüglich der Heißdampf-Austrittstemperatur die *Lastabhängigkeit* nach Abschn. 6.2. Der Wasserdurchfluß wird in Abhängigkeit von der Temperatur am Ausgang der Verdampferheizfläche geregelt. Die Frischdampftemperatur wird durch Einspritzkühlung vor der letzten Überhitzerstufe geregelt. Zum Anfahren und um unnötiges Ansprechen der Sicherheitsventile bei plötzlicher Entlastung zu verhindern, ist eine Umlaufleitung mit selbsttätigem Ventil vorhanden.

Beim *Benson*-Kessel liegt der *System-Festpunkt* am Überhitzer-Austritt. Speisung und Feuerung werden auf konstante Heißdampf-Austrittstemperatur geregelt. Das Verhältnis zwischen Verdampfer- und Überhitzerheizfläche verschiebt sich automatisch je nach Belastung.

Bei einem spezifischen Wasserinhalt von 0,03 m^3 bis 0,05 m^3 je t/h Dampferzeugung ergibt sich zwar eine sehr *kurze Anheizzeit*, aber es ist auch *kaum Speicherfähigkeit* vorhanden. Die Kessel müssen mit einer besonders anpassungsfähigen Feuerung und entsprechender Regelung ausgerüstet sein. Das gilt besonders bei *Blockanlagen*, in denen der Kessel unmittelbar und allein auf eine Turbine arbeitet und nicht in eine Sammelleitung einspeist. Bei den heute geforderten *Laständerungsgeschwindigkeiten* würde eine Trommel annehmbarer Abmessungen ohnehin keinen maßgebenden Einfluß auf die Speicherfähigkeit haben.

Da die Länge des Rohrsystems von Speisewassereintritt bis Heißdampfaustritt ein unzulässiges Nachhinken der Regelung gegenüber Änderungen der Heißdampftemperatur zur Folge haben würde, ordnet man eine besondere, von Speisewasser konstanter Temperatur durchflossene *Regelheizfläche* an. Sie ist z. B. am Ende des Strahlungsraumes eingebaut und ihre Wärmeaufnahme entspricht hinsichtlich Strahlungs- und Berührungsanteil im wesentlichen der des Kessels. Änderungen des Wärmezustandes des Kessels machen sich durch Änderungen der Wassertemperatur am Ende der Regelstrecke innerhalb viel kürzerer Zeit ($\approx$ 1/30 der Durchlaufzeit des eigentlichen Kessels) bemerkbar und ermöglichen eine *verzögerungsfreie Regelung.* Die *Lastabhängigkeit* der Regeltemperatur muß beachtet werden.

Das gesamte Rohrsystem der Durchlaufkessel wird meist in einem *Gerüst* hängend angeordnet mit Ausdehnungsmöglichkeiten in axialer und in Umfangsrichtung. Um bei großen Kesseln leichte Bauart zu ermöglichen, die hinter der Rohrwand nur noch Isolierung und Blechverkleidung erfordert, muß der Feuerraum gasdicht sein. Es werden entweder *Flossenrohrkonstruktionen* ausgeführt oder auf die dicht nebeneinander liegenden Rohre wird eine gasdicht abschließende Blechverkleidung außen aufgeschweißt. Dabei muß in gleichen Höhenlagen die Wandtemperatur der Rohre annähernd gleich sein ($\Delta t \leqq 50$ grd), um Spannungen und damit Aufreißen der Blechhaut zu verhindern (Ausführung nicht geeignet für Steigrohr—Fallrohr- und Mäanderband-Systeme). Es wird dann eine besondere Rohrführung und z. T. das Anordnen von Mischsammlern erforderlich.

Durchlaufkessel werden gebaut für Drücke bis über 300 at, Heißdampftemperaturen bis 650 °C bei Dampfleistungen bis 1500 t/h. Die Grenze von 1500 t/h entspricht der heute üblichen max. Leistung einer einwelligen Turbine. Bei Dampftemperaturen bis rd. 530 °C können zum Bau der Überhitzer noch *ferritische Stähle* verwendet werden. Das Beherrschen *überkritischer Zustände* ist naturgemäß nur mit dem Durchlaufkessel möglich. Teilweise wird seine Anwendung bereits bei Drükken über 120 at für notwendig bzw. als am zweckmäßigsten angesehen. Zum Beherrschen der *Anfahrvorgänge* und für *Schwachlastbetrieb* werden Durchlaufkessel auch mit *abschaltbaren Zwangumlaufsystemen* ausgerüstet.

3.2.7. Schnelldampferzeuger, Sonderbauarten. Steigende Lohnkosten, Arbeitskräftemangel und das sich daraus ergebende Rationalisierungsbestreben führten zur Entwicklung der sog. *Schnelldampferzeuger.* Diese Kessel sollen innerhalb der Betriebsräume oder im Keller aufgestellt werden können, bei Beginn der Arbeitszeit kurzfristig betriebsbereit, weitgehend wartungsfrei und wenig störanfällig sein. Die unter diesem Gesichtspunkt entwickelten Kessel sind Wasserrohrkessel nach dem Naturumlauf-, Zwangumlauf- oder Durchlauf-System *mit schnell regelbarer Feuerung* (Gas, Öl) und Dampfleistungen von 100 kg/h bis 1000 (3000) kg/h. Soweit sie nicht im wesentlichen aus Rohren bestehen (Zwanglaufkessel), werden möglichst einfache Schweißkonstruktionen ausgeführt, um billig herstellen zu können. Die Kessel arbeiten meist mit *druckgesteuerter Ein-Aus-Regelung* (ggf. 2 Stufen), haben automatische Speisung und sind oft mit zusätzlichen Sicherheitseinrichtungen (Druckbegrenzer, Wassermangelsicherung) ausgerüstet, um sie unter *Verzicht auf stän-*

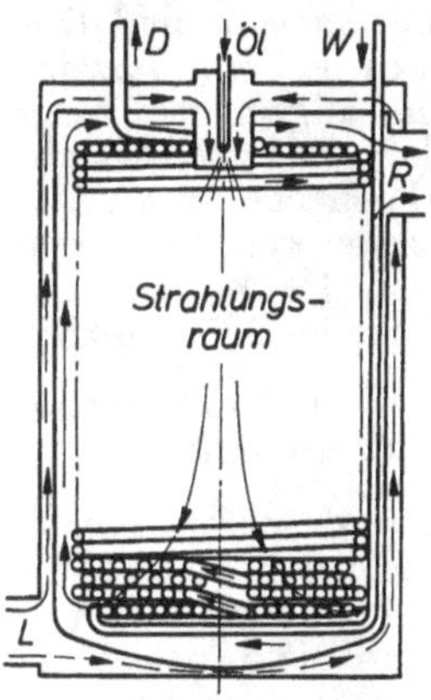

Bild 3.15. Stehender Durchlaufkessel mit Ölfeuerung (WIMA). Verbrennungsluft wird im äußeren Mantel vorgewärmt und wirkt gleichzeitig isolierend.
D Dampfaustritt, *L* Luft vom Gebläse, *R* Rauchgasaustritt, *W* Wassereintritt.

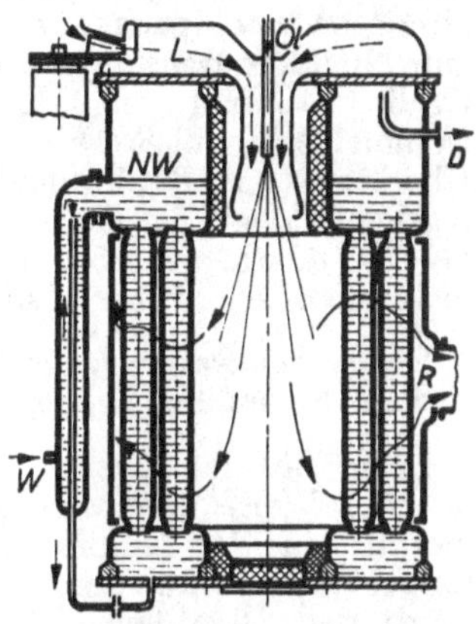

Bild 3.16. Naturumlaufkessel (HENSCHEL). Äußere Rohre als Fallrohre. Rauchgase *R* strömen aus dem Strahlungsraum an einer Stelle in den Ringraum zwischen den Rohrreihen und dann aus diesem in den äußeren Mantelraum. *D* Dampfaustritt, *L* Luft vom Gebläse, *W* Wassereintritt.

dig unmittelbare Beaufsichtigung betreiben zu können. Sie werden vom Hersteller vollständig ausgerüstet geliefert (ab Lager) und an Ort und Stelle sind nur noch die Anschlüsse für Öl/Gas, Elektrizität, Wasser und Dampf herzustellen.

Ausreichend aufbereitetes Speisewasser ist Voraussetzung. Die schnelle Betriebsbereitschaft wird zwangläufig mit geringem Wasservolumen und geringer Speicherfähigkeit erkauft. Die Kessel können über ihre Nennleistung hinaus keine Belastungsstöße abfangen, wie z. B. Großwasserraumkessel.

Ebenso wie Schnelldampferzeuger werden seit etwa 1959 auch größere Wasserrohrkessel als sog. *Paketkessel (packaged boiler)* ausgeführt. Der gesamte Kesselkörper wird im Werk unter arbeitstechnisch und wirtschaftlich günstigen Bedingungen zusammengeschweißt und dann zum Standort transportiert (ggf. auch in Form einzelner Großteile, Baugruppen). Es sind im allgemeinen Mehrtrommelkessel mit *Strahlungsteil* als 1. Zug (Rohrwände). Überhitzer und Berührungsheizfläche liegen im zweiten, rückkehrenden Zug. Ausgeführt wurden derartige Kessel bis $D' = 40$ t/h, $p = 68$ at, $t_ü = 500$ °C. Die Kostenersparnis gegenüber üblicher Ausführung beträgt 20% bis 25%.

Einige *Sonderkessel*, die für den Gesamtkesselbau nur geringe Bedeutung haben, seien kurz erwähnt.

Beim Löffler-Kessel gelangt das Speisewasser in üblicher Weise über den Rauchgas-Speisewasservorwärmer in eine Verdampfertrommel. Aus dieser Trommel saugt eine Umwälzpumpe Sattdampf und drückt ihn durch den Überhitzer. $^1/_3$ der Heißdampfmenge wird an den Verbraucher abgegeben, $^2/_3$ werden in die Trommel geleitet zum Verdampfen des eingespeisten Wassers. *Verdampfung findet also nicht im Bereich feuerberührter Heizflächen* statt und der Überhitzerwerkstoff kann hoch belastet werden weil bei allen Betriebszuständen eine ausreichende Stömung sichergestellt ist.

Beim Schmidt-Hartmann-Kessel wird in einem mit reinstem Wasser gefüllten, geschlossenen, feuerbeheizten *Primärsystem* Sattdampf erzeugt. Dieser Heizdampf gibt in der Trommel des *Sekundärsystems* (Betriebsdampf) seine Wärme an das über den Rauchgas-Speisewasservorwärmer eingespeiste Wasser ab und läuft als Kondensat innerhalb des Primärsystems zurück. Das eingespeiste Wasser wird verdampft und in üblicher Weise überhitzt. Da die *Verdampfung nicht im Bereich feuerberührter Heizflächen* erfolgt, sind die Anforderungen an die Speisewasseraufbereitung nicht so streng. Im Primärsystem muß ein höherer Druck als auf der Betriebsdampfseite herrschen, damit eine ausreichende Temperaturdifferenz zwecks wirksamer Wärmeübertragung vorhanden ist.

Die beiden vorgenannten Kessel sind mit den Fortschritten in der Speisewasseraufbereitung uninteressant geworden.

Der Velox-Dampferzeuger ist ein Zwangumlaufkessel, in dessen mit besonderen, rauchgasdurchströmten Verdampferrohren ausgekleideten Feuerraum Öl oder Gas *mit verdichteter Luft* (0,5...2,5 at) verbrannt wird. Die mit hoher Geschwindigkeit aus dem Überhitzer austretenden Rauchgase werden vor Durchströmen des Vorwärmers durch eine *Gasturbine* geleitet, die den Verdichter für die Verbrennungsluft antreibt. Trennung von Wasser und Dampf erfolgt in einem *Fliehkraftabscheider*. Bei extremen Werten für Rauchgasgeschwindigkeit (200 m/s im Verdampfer, 100 m/s im Überhitzer und Vorwärmer), Heizflächenbelastung (400...700 kg/m^2 h) und Feuerraumbelastung ($8 \cdot 10^6$ kcal/m^3 h) hat eine derartige Anlage einen verhältnismäßig geringen Platzbedarf, ist aber schon mehr als eine Maschine und nicht als Kessel im üblichen Sinne anzusprechen. Beim Anfahren und in Störungsfällen kann der Verdichter durch einen Elektromotor angetrieben werden.

Abhitzekessel dienen zur Ausnutzung der in den Abgasen von Industrieöfen oder sonstigen Verfahrensanlagen enthaltenen Wärmemengen. Je nach der Art und Menge der Abgase gelangen die verschiedensten Kesselbauarten zur Anwendung. Bei Zwangumlaufkesseln können z. B. auch zu kühlende Teile einer Ofenanlage mit in den Kesselwasserkreislauf einbezogen werden. Bei nicht stetig arbeitenden Anlagen erhalten die Kessel Zusatzfeuerungen. Z. T. werden Abhitzekessel auch eingeschaltet, um Abgase so weit abzukühlen, daß sie in Filteranlagen entspr. den Forderungen bezüglich Reinhaltung der Luft behandelt werden können.

Dampferzeugungsanlagen, die in einen *chemischen Prozeß* eingeschaltet sind und zur *Regelung des Prozesses erforderlich sind*, z. B. um Synthesegas vor Weiterbehandlung auf eine bestimmte Temperatur abzukühlen, *gelten nicht als Dampferzeuger im Sinne der Dampfkesselverordnung*, es sind *Gaskühler*. Sie werden entsprechend den Bestimmungen der *Unfallverhütungsvorschrift Druckbehälter* behandelt. Bei diesen Anlagen kann die Dampferzeugung nicht willkürlich durch Beeinflussen der Feuerung geregelt werden, sondern Speisung und Dampfabgabe in ein geeignetes, aufnahmefähiges Dampf-Netz müssen der anfallenden Gasmenge angepaßt werden.

3.3. Heißwassererzeuger. Bereits seit langem gibt es Kessel, denen nicht nur Dampf, sondern auch *Heißwasser* für bestimmte Heizzwecke entnommen wird. Mit Zentralisierung der Wärmeversorgung von Wohngebieten und Industrieanlagen werden Kessel auch ausschließlich zur Erzeugung von Heißwasser eingesetzt. Wegen der Vielfalt der Betriebsverhältnisse und der Ausführungsmöglichkeiten ergeben sich hinsichtlich *Anordnung der Vor- und Rücklaufleitungen, Druckhaltung im System* und Einhalten bestimmter *Grenztemperaturen* unterschiedliche Forderungen, die in DIN 4752, Sicherheitstechnische Ausrüstung von Heißwasserheizungen mit Vorlauftemperaturen über 110 °C, zusammengestellt sind. Maßgebend für die Beurteilung und damit für die erforderliche Ausrüstung ist *die auf Grund der Druckverhältnisse im Heißwassererzeuger erreichbare und nicht die eingeregelte Vorlauftemperatur*. Der Unterschied zwischen Vorlauf- und Rücklauftemperatur beträgt im allgemeinen nur 30 bis 50 grd. Es kann erforderlich sein, die Rücklauftemperatur etwas anzuheben, um *Heizflächenkorrosionen durch Taupunktunterschreitung* zu verhindern. Bei Betrieb ohne Dampfpolster im Kessel oder einem darüber liegenden Ausdehnungsgefäß muß die Kesselbauart einwandfreie Umlaufverhältnisse gewährleisten, damit nicht durch örtliche Dampfbildung Werkstoffschäden oder *Wasserschläge* entstehen. Wegen der Gefahr von Wasserschlägen wird Verwendung von Stahlguß- oder Stahlarmaturen gefordert (zäher Werkstoff).

3.4. Elektrisch beheizte Dampfkessel. Bei Anwendung der *elektrischen Energie* zur Dampferzeugung sind zu unterscheiden:

Elektroden-Dampfkessel

Dampfkessel mit elektrischer Widerstandsheizung.

Bei *Elektroden-Dampfkesseln* hängen 3 *Elektroden* (Drehstrom-Anschluß) vom Dampfraum aus bis in das Kesselwasser. Der zwischen den Elektroden mit dem Wasser als *Elektrolyt* fließende Strom erwärmt das Wasser unmittelbar. Die Leitfähigkeit des Kesselwassers soll rd. 15 µS/cm nicht überschreiten, so daß sich ein zweckmäßiger Stromdurchfluß einstellt, der weder zu lange Heizdauer erfordert, noch zu stürmische Dampfentwicklung bewirkt. Bezüglich Einhalten eines niedrigsten Wasserstandes werden sicherheitstechnisch keine Forderungen gestellt, weil beim zu tiefen Absinken des Wasserstandes die Elektroden austauchen und die Beheizung automatisch aufhört. Das Einführen der Elektroden von oben erzwingt eine bestimmte Kesselform. Bei Heißwassererzeugern ohne Dampfraum wird die „Eintauchtiefe“ der Elektroden durch überschiebbare dielektrische Hülsen geregelt.

Bei *elektrischer Widerstandsheizung werden typisierte Heizelemente* in der erforderlichen Anzahl in einen *Heizflansch* eingesetzt. Dieser wird an einem Halsstutzen befestigt, der am Kessel so angeordnet ist, daß die höchsten Heizelemente ausreichend tief unter dem Wasserspiegel liegen. Durch entsprechende Schaltung der Heizelemente kann die Heizleistung geregelt werden. Einhalten des Sicherheitsabstandes von 100 mm zwischen Oberkante der Heizelemente und dem niedrigsten Wasserstand wird gefordert. Verringerung des Abstandes bis auf 30 mm ist möglich bei Kesseln mit kleiner Leistung, die mit einem *Wächter* (elektrischer Niveauschalter). ausgerüstet sind, der bei Unterschreiten von N-W die Beheizung abschaltet und bei ausreichendem Wasserstand die Beheizung selbständig wieder einschaltet.

4. Kesselspeisung

Durch *Speiseeinrichtungen* muß dem Kessel unter allen Betriebsverhältnissen so viel Wasser zugeführt (eingespeist) werden, daß der *festgesetzte Niedrigste Wasserstand* (N-W) nicht unterschritten wird. Wegen der Wichtigkeit der Speisung sind Fördermenge, Druckhöhe, Anzahl und Antrieb der Speiseeinrichtungen, sowie Lage des Speisestutzens am Kessel in den *Technischen Regeln für Dampfkessel* (TRD) festgelegt.

Z. B. muß in Trommeln oder Großwasserraumkesseln die Speiseleitung so eingeführt werden, daß *beim Versagen der Rückströmsicherung ein Mindestwasserstand von 50 mm über der höchsten Stelle der Feuerzüge erhalten bleibt.* Speisewasser soll gleichmäßig verteilt in das Trommel- bzw. Kesselwasser eingeleitet werden. Wird zur Unterstützung eines natürlichen Umlaufes das Speisewasser bis unter die Flammrohre geleitet, so sind oberhalb der Feuerzüge Druckausgleichbohrungen im Speiserohr anzubringen, damit der vorgeschriebene Mindestwasserstand (s. oben) erhalten bleibt.

4.1 Speiseeinrichtungen. Hauptsächlich werden *Kreiselpumpen* mit Elektromotor- oder Dampfturbinenantrieb und *Kolbenpumpen* mit Elektromotorantrieb oder Kolbenpumpen mit unmittelbarem Dampfantrieb (Wasserkolben und Dampfkolben durch Kolbenstange verbunden) angewendet. *Injektoren* werden seit Automatisierung des Dampfkesselbetriebes nur noch selten vorgesehen. *Handspeisepumpen* sind bei kleinen Dampfleistungen und Drücken zulässig. Vereinzelt werden *Rückspeiser* angewendet, bei denen meist Kondensat in einen drucklosen Behälter über dem Kessel gepumpt wird und nach Betätigen entsprechender Ventile aus dem Behälter unmittelbar in den Kessel fließt.

Es werden mindestens zwei Speiseeinrichtungen für volle Leistung (s. 4.2) bei Antrieb aus getrennten Energiequellen gefordert. Ausnahmen sind bei entsprechenden Voraussetzungen möglich.

4.2 Speiseregelung. Neben der Möglichkeit der *Handregelung* ergibt *automatische Regelung* eine Entlastung des Kesselwärters, wirtschaftlichen und sicheren Betrieb und kleinere Pumpenleistungen. Bei zwei Speiseeinrichtungen muß die Förderleistung jeder einzelnen das 1,6-fache der Dampfleistung betragen, bei automatischer Regelung nur das 1,25fache. Von *Schwimmern* oder *Schwimmer-* bzw. *Elektrodengeräten* wird entweder die Antriebsenergie beeinflußt (elektr. Ein-Aus-Regelung, Regelung der Dampfzufuhr) oder der Wasserdurchsatz wird unmittelbar geregelt durch *Drosselung* (im allg. nur bei Kreiselpumpen) oder durch *Ablaufregelung* (auch für Kolbenpumpen geeignet), ggf. auch Kopplung beider Möglichkeiten. Der Regelaufwand ist abhängig von der Größe der Anlage und der Absinkgeschwindigkeit des Wasserspiegels. Großwasserraumkessel mit automatischer Öl- oder Gasfeuerung müssen wegen der besonderen Gefährdung bei Wassermangel mit einer *unabhängigen, zuverlässigen Wassermangelsicherung* (Störabschaltung der Feuerung) ausgerüstet sein.

4.3. Speisewasseraufbereitung. Je weniger die Heizfläche wasserseitig zugänglich und je höher die Heizflächenbelastung ist, um so intensiver muß die *Wasserauf-*

bereitung sein. „Aus Wasser wird H_2O“ erklärt eine Firma in ihren Prospekten treffend die Aufgabe der Wasseraufbereitung, d. h. Entfernen aller Beimengungen, die beim Verdampfen ausfallen und sich besonders an heißen Flächen ansetzen und *den Wärmeübergang verschlechtern.* Wurde früher bei niedrig belasteten Großwasserraumkesseln nach entsprechender Betriebszeit eine dicke Kesselsteinschicht *abgeklopft,* so wird heute zumindest eine *innere Aufbereitung* betrieben, d. h. durch Beigabe von Chemikalien werden die *Härtebildner,* vorwiegend Ca und Mg, so beeinflußt, daß sie als Schlamm anfallen und durch regelmäßiges *Abschlämmen* aus dem Kessel entfernt werden. Bei der *äußeren Aufbereitung* werden außerhalb des Kessels die Härtebildner durch *Fällungsverfahren* (chemisch ausflocken und filtern) oder durch *Austauschverfahren* entfernt.

Die Austauschverfahren wurden in den zwanziger Jahren entwickelt. Bestimmte Stoffe haben die Eigenschaft, angelagerte *Ionen* [1]) gegen andere Ionen auszutauschen. Der *Vorgang ist* unter bestimmten Voraussetzungen *umkehrbar,* z. B. lassen sich angelagerte *Alkali-Ionen (Kationen)* gegen Ca- und Mg-Ionen austauschen, die Härtebildner damit aus dem Wasser entfernen, das dafür aber *Neutralsalze* aufnimmt. Bei hohen Härtegraden ergibt sich dann eine erhebliche Vergrößerung der Dichte des Kesselwassers, und es müssen entsprechende Mengen *abgeschlämmt* und durch aufbereitetes Wasser ersetzt werden, damit die zulässige Dichte nicht überschritten wird. Das Wasser wird in solchen Fällen zweckmäßig mit *Fällungsverfahren* vorbehandelt. Außerdem müssen vorher *organische Stoffe,* sowie *Eisen* und *Mangan* aus dem Rohwasser entfernt werden, weil sonst der Austauschvorgang sehr bald gehemmt wird und die teuren Austauschstoffe verdorben und nicht mehr zu regenerieren sind. Der Ionenaustausch ist hier kein chemischer Vorgang im

[1]) Ionen sind elektrisch geladene Stoffteilchen, Kationen positiv, Anionen negativ; z. B. bedeutet Ca^{++} ein zweiwertig positiv geladenes Calziumion.

eigentlichen Sinne, man kann ihn aber in entsprechender Form darstellen. Mit A = Austauschstoff gilt z. B.

$$2\,A\,Na + Ca^{++} \rightleftarrows A_2\,Ca + 2\,Na^{+}$$

In Richtung nach rechts erfolgt Enthärten, nach links *Regenerieren*, d. h. der Austauschbehälter wird mit Kochsalzlösung (Überschuß) gefüllt und im Laufe von rd. 30 min Standdauer werden die Ca-Ionen gegen Na-Ionen ausgetauscht. Ca und Kochsalzüberschuß werden danach durch Spülen entfernt.

Die Weiterentwicklung der Austauschstoffe ermöglichte Regenerieren mit Säuren, so daß Salze mit Metallionen in freie Säuren übergeführt werden konnten, sowie Austausch von Säuregruppen durch *Hydroxyl-Ionen*, die sich mit Wasserstoff-Ionen zu Wasser verbinden. Nachdem auch Werkstoffe zum Austausch von *Kieselsäure* gefunden wurden, waren die Voraussetzungen für *Vollentsalzung* im Austauschverfahren gegeben.

Bild 4.1. stellt eine Möglichkeit für Vollentsalzung dar. Es ist heute eine besondere Wissenschaft, aus den Möglichkeiten der verschiedenen Verfahrenskombinationen die für den jeweiligen Betriebsfall zweckmäßigste und wirtschaftlichste zusammenzustellen. Da eine Vollentsalzung sehr aufwendig und besonders die *Entkieselung* sehr kostspielig ist, wird man sie nur anwenden, wenn es unbedingt erforderlich ist. Mit Rücksicht auf die Betriebssicherheit und die für das Regenerieren und Spülen der Austauscher erforderliche Zeit muß ein Teil der Anlage doppelt ausgeführt werden. Je nach der Beschaffenheit des Rohwassers und den Mindestanforderungen an Speise- und Kesselwasser wird dehalb auf die eine oder andere Behandlungsstufe verzichtet und ggf. eine *größere Abschlämmenge* in Kauf genommen bzw. eine *kontinuierliche Entsalzung* durchgeführt.

Enthärtetes Speisewasser muß vor dem Einspeisen *entgast* werden, um *Korrosionen* zu verhindern. Es erfolgt meist *thermisch* durch Erhitzen auf annähernd Siedetemperatur (Lösungsvermögen für Gase sinkt auf ein Minimum) in einem auf den Speisewasserbehälter aufgebauten *Entgaser* (geringer Druck) oder einem der Speisepumpe nachgeschalteten *Druckentgaser*. Es können dem Speisewasser aber auch an geeigneter Stelle *Chemikalien* zugesetzt werden, die den *Sauerstoff binden (Hydrazin*, $N_2H_4 + O_2 \rightarrow 2\,H_2O + N_2$). *Phosphate* können im Speisewasserbehälter zugegeben werden, um Reste von O_2 und CO_2 zu binden und die zum Verhindern von Korrosion erforderliche *Alkalität* des Wassers zu erzielen. Kohlensäure entsteht abhängig vom Anteil der Karbonathärte im Austauscher und würde mit dem Dampf aus dem Kessel geführt. Bei Betrieben mit *Kondensatrückführung* würde die Kohlensäure noch im Kondensat vorhanden sein und das Leitungsnetz zerstören.

Von den interessierten Stellen sind *Richtlinien* aufgestellt worden über die in Abhängigkeit von Kesselbauart

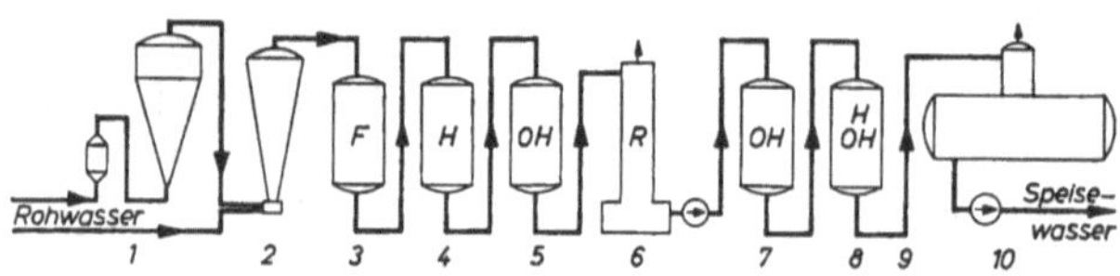

Bild 4.1. Schema einer Speisewasser-Aufbereitungsanlage (Vollentsalzung).

1 Kalkwasser-Sättiger zum Herstellen von Kalkmilch $Ca(OH)_2$.
2 Schnell-Entkarbonisierung. Binden der Karbonathärte und der Mg-Salze, Schlamm wird an Kontaktmasse (feinkörniger Sand) angelagert.
3 Kiesfilter zum Zurückhalten noch mitgerissener Schlammteilchen.
4 Kationen-(H-)Austauscher. An Trägerstoff angelagerte H-Ionen werden gegen Mineralionen ausgetauscht. Regenerieren = Anlagern neuer H-Ionen.
5 Anionen-(OH-)Austauscher. Die Säurereste der aus 4 abgelaufenen Säuren werden ausgetauscht und H_2O entsteht. Regenerieren z. B. mit NaOH.
6 Rieselentgaser zum Entfernen von CO_2 (in 4 entstanden).
7 OH-Austauscher bei Bedarf zum Entfernen von Kieselsäure.
8 Mischbettfilter (H- + OH-Austauscher) zum Entfernen von Restmengen.
9 Vollentsalztes Wasser (entspricht Kondensat).
10 Speisewasserbehälter mit Entgaser (O_2), Wasser fast mit Siedetemperatur.

und Betriebsdruck zur Gewährleistung eines störungsfreien Betriebes *einzuhaltenden Grenzwerte der Verunreinigungen* [31], [32]. Wenn örtlich die *Wärmestromdichte* $q > 2 \cdot 10^5$ kcal/m² h, sollen die Anforderungen der höchsten Stufe erfüllt werden (Vollentsalzung). Diese Wärmestromdichten können auch bei an sich gering belasteten Kesseln, die aber mit Ölfeuerung betrieben werden, in Höhe der Brennerebene auftreten (hohes Wärmeangebot) und führen in den Rohren zu besonders unangenehmen Ablagerungen mit hohen Gehalten an *Silikatstein* (sehr stark *wärmedämmend)* und ggf. auch *Kupfer* (aus den angeschlossenen Wärmeübertragern mit Rohren aus *Kupfer* oder *Kupferlegierungen* über das Kondensat eingebracht). Da diese Beläge bevorzugt *an den am stärksten beheizten Stellen auftreten;* führen sie zu großen Wärmestauungen, so daß *Ausbeulungen* und *Rohrreißer* auftreten können. Bei kleinen Kesseln (Paketkessel, Schnelldampferzeuger) mit hohen Heizflächenbelastungen können die Anlagekosten für die an sich erforderliche Wasseraufbereitung ebenso hoch werden wie für den Dampferzeuger, so daß die Wirtschaftlichkeit der Anlage in Frage gestellt wird. Unter Berücksichtigung der jeweiligen Betriebsverhältnisse muß dann ein Kompromiß geschlossen werden.

5. Sicherheitstechnische Ausrüstung und Regelung

An die betreffende Einrichtungen werden bestimmte Anforderungen gestellt, die in den *Technischen Regeln für Dampfkessel (TRD)* zusammengefaßt sind.

5.1. Wasserstand-Anzeigeeinrichtungen. Diese sind die für die Speisung wichtigste Einrichtung, da nach ihrer Anzeige *der Kesselwärter die Speisung regeln muß* und auch eine *automatische Wasserstandregelung* danach eingestellt wird. Es werden zwei unabhängige Einrichtungen gefordert, von denen mindestens eine unmittelbar anzeigend sein muß (Prinzip der *kommunizierenden Röhren*). Sie muß im Blickfeld des Kesselwärters angeordnet sein. Zwei *Prüfhähne* oder *-Ventile*, jeweils in Höhe N-W und in Höhe des Betriebswasserstandes angeordnet, sind die einfachste Einrichtung. Als unmittelbar anzeigende Einrichtungen werden, über Absperrorgane angeschlossen, verwendet: *Glasrohre* bis 10 at, Metallgehäuse mit einseitiger Abdeckung durch *Reflexglas* nach Bild 5.1 (prismatische Rillen auf der Wasserseite brechen einfallendes Licht so, daß der Wasserraum infolge *Absorption dunkel* und der Dampfraum infolge *Reflexion hell* erscheint) bis 40 at, geschlitzte Gehäuse mit durchstrahlendem Licht und durch *Glimmerlagen* geschützte Glasabdeckungen oder Glimmerlagen vor gelochten Metallabdeckungen bis zu den höchsten Drücken. Glimmer verhindert

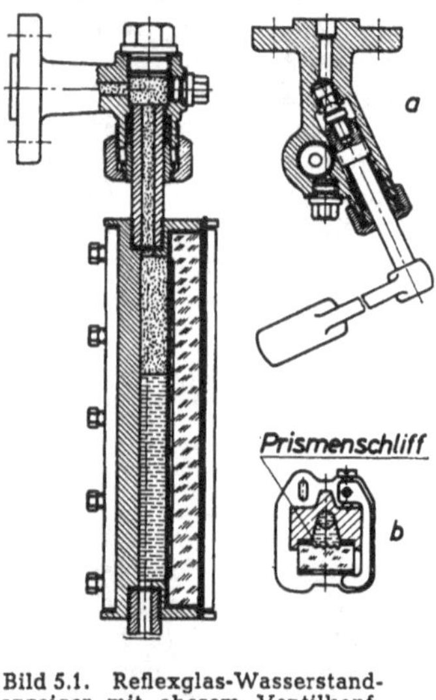

Bild 5.1. Reflexglas-Wasserstandanzeiger mit oberem Ventilkopf.
a) Schnitt durch Ventilkopf mit Schrägsitzventil.
b) Befestigung des Glases mit Scharnierbügeln und Spannschrauben.

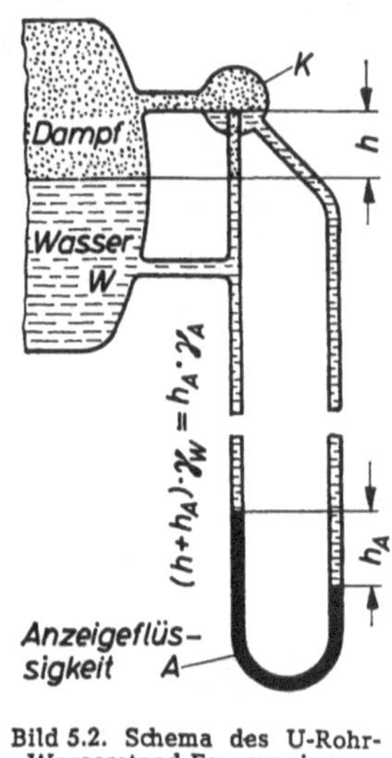

Bild 5.2. Schema des U-Rohr-Wasserstand-Fernanzeigers. Durch Kondensatgefäß K wird der Wasserstand im linken Schenkel auf konstanter Höhe gehalten.

zu große Temperaturunterschiede im Glas und damit Spannungen, die sonst zum Bruch führen würden.

Bei sehr hoch liegenden Trommeln werden *Wasserstand-Fernanzeiger* verwendet, die entweder mit mechanischer Übertragung einer Schwimmerstellung, mit heruntergezogenen *U-Rohren* oder mit Wägung einer der Höhe des Wasserspiegels entsprechenden Wassersäule arbeiten. Die Anzeigeeinrichtungen sind im Blickfeld des Kesselwärters angeordnet. Bei den *U-Rohr-Anzeigern* entsprechen bei geeigneter Anzeigeflüssigkeit (Dichte) deren Schwankungen denen des Wasserspiegels im Kessel (Bild 5.2.) In großen Anlagen wird die Anzeige der unmittelbar anzeigenden Einrichtungen durch *Fernseh-Apparaturen* zur Kesselwarte übertragen.

5.2. Druckmeßeinrichtungen (Manometer). Ebenfalls im Blickfeld des Kesselwärters muß ein *Manometer* angeordnet sein. Der höchstzulässige Betriebsdruck oder der jeweilige (geringere) Einstelldruck des Sicherheitsventils muß deutlich gekennzeichnet sein. Das Manometer muß im Dampfraum angeschlossen sein; durch eine *Wasserschleife (Kondensat)* wird das Meßwerk vor unmittelbarer Dampfberührung (Temperatur) geschützt. Bei hochliegender Trommel ist die Anzeige des *auf den Kesselwärterstand heruntergezogenen Manometers* entsprechend der Höhe der Wassersäule (Kondensat) zu berichtigen. Maßgebend ist der Druck in der Trommel. Die Manometeranzeige muß während des Betriebes mit einem *Prüfmanometer* nachgeprüft werden können. Manometerabsperrorgane nach DIN 16262, 16263, 16270, 16271, 16274.

5.3. Sicherheitsventil. Jeder Kessel muß ein unabsperrbar angeordnetes *Sicherheitsventil* haben, das im Stande ist, die volle Dampfleistung abzublasen. Bei Kesseln mit unabsperrbarem Überhitzer sollen Kessel und Überhitzer je ein Sicherheitsventil haben; die Abblaseleistung wird auf beide Ventile verteilt. Das Überhitzerventil muß zuerst ansprechen, damit Kühlung der Überhitzerrohre gewährleistet bleibt. Die Belastung des Ventiltellers erfolgt *durch Gewichtstücke* (DIN 1305) *über Hebel* (Kraft je Ventilteller max. 600 kp, 1000 kp bei besonderen konstruktiven Maßnahmen) oder unmittelbar durch *Federkraft.* Beim Überschreiten des zulässigen Betriebsdruckes p muß das Ventil *beginnen abzublasen; während des Abblasens darf der Druck höchstens auf das 1,1-fache des zulässigen Betriebsdruckes ansteigen. Ausblaseleitungen* sollen kurz sein und ohne enge Krümmungen verlegt werden, weil sich sonst ein *Gegendruck aufbaut* und die Abblaseleistung verringert wird. Die Ventilgehäuse müssen durch eine unabsperrbare Leitung entwässert werden.

Der erforderliche wirksame Ventildurchmesser ist bei gleicher Abblaseleistung wesentlich vom *Ausflußbeiwert* abhängig. Neben der allgemeinen strömungstechnischen Formgebung ist der jeweilige *Ventilhub* maßgebend. Nach [27] werden entsprechend ihrer *Hubcharakteristik* drei Ausführungsarten unterschieden.

Vollhubventile. Durch besondere konstruktive Maßnahmen erreicht der Ventilteller innerhalb p bis $1{,}1 \cdot p$ den *konstruktiv festgelegten Hub.* Der freie Querschnitt im Ventilspalt ist dabei mindestens 10 % größer als der Querschnitt vor bzw. am Ventilsitz.

Hochhubventile. Sie haben eine besondere, *auf Erhöhung des Hubes hinwirkende Einrichtung,* ohne daß der höchstmögliche Hub bis $1{,}1 \cdot p$ zwangsweise erreicht wird.

Niederhubventile. Bei einfacher Konstruktion haben sie keine der vorstehend beschriebenen Einrichtungen zur Hubvergrößerung. Der Ausflußbeiwert ist entsprechend verhältnismäßig klein.

Von der VdTÜV werden Sicherheitsventile geprüft und *Typenblätter mit* den ermittelten *Kennwerten* herausgegeben. Bild 5.3 zeigt ein Vollhub-Sicherheitsventil der Fa. *Sempell, Mönchen-Gladbach,* mit den zum Erzielen der Vollhubwirkung am Ventilteller und am Gehäuse angebrachten und z. T. nachstellbaren Einrichtungen.

Am Kopf des Ventiles ist eine *Lüfteinrichtung* mit seitlich angeordnetem Hebel angebracht, um das Ventil auf Funktionsbereitschaft prüfen zu können. Bei Ventilen für Heißdampf wird durch ein ausreichend langes Zwischengehäuse *(Laterne)* die Feder der Einwirkung der hohen Temperatur entzogen.

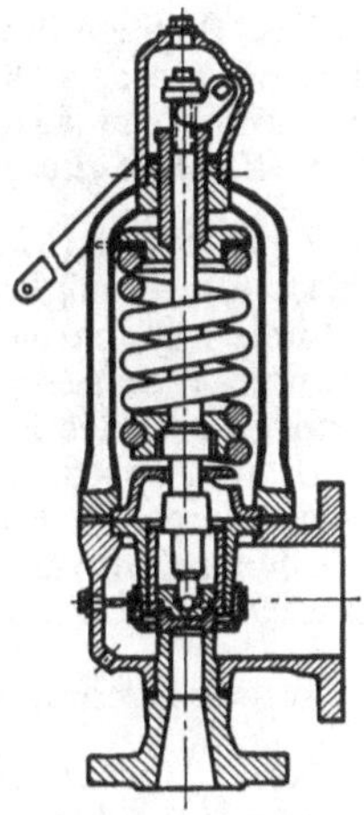

Bild 5.3. Vollhub-Sicherheitsventil.

Bei hohen Drücken und großen Nennweiten (große Ventiltellerkräfte) werden *hilfsgesteuerte Sicherheitsventile* angewendet. Im Betrieb wird die *Schließkraft des Hauptventils* durch Dampf- oder Gasdruck (Kolben) oder durch Federkraft aufgebracht (auch Ventile mit durch den anstehenden Dampf unmittelbar belastetem Teller und Hilfsfeder). Zum Öffnen des Ventils bei unzulässig hohem Druck gibt ein als *Steuerventil* wirkendes kleines Sicherheitsventil eine *Druckenergie* frei, die über Kolben gegen die Feder- oder Dampfkraft das Ventil öffnet (*Arbeitsstromprinzip)*, oder der unter Druck stehende Schließkolben wird entlastet, so daß der anstehende Dampf das Ventil öffnet *(Ruhestromprinzip)*. Bei Dampfkesseln darf *keine fremde Energie,* also nur der Dampf des zu sichernden Kessels verwendet werden.

5.4. Absperrorgane. Jeder Dampferzeuger muß dampf- und wasserseitig und jeder Heißwassererzeuger im Vor- und Rücklauf *absperrbar sein* und eine *Entleerungseinrichtung* haben. Alle wasserbeaufschlagten Absperrorgane müssen grundsätzlich aus *zähem Werkstoff* (Stahl, Stahlguß, Kugelgraphitguß) bestehen. *Grauguß* ist dampfseitig nur bis 10 atü, 200 °C bei runden Querschnitten mit lichtem Durchmesser bis 200 mm zulässig.

5.5. Regelgeräte. Über die geltenden Bestimmungen hinaus werden *Regelgeräte* angeordnet, *die teils der Sicherheit des Kessels, teils einer Verbesserung der Wirtschaftlichkeit dienen.*

Druckregler (Manostate) oder *Temperaturregler* (Thermostate) ermöglichen, besonders in Verbindung mit schnell regelbaren Feuerungen, das Einhalten eines bestimmten *Sollwertes,* der entweder durch den Verwendungszweck des Dampfes oder Heißwassers gegeben oder nach wirtschaftlichen Gesichtspunkten festgelegt wird, in engen Grenzen. Sofern es die Kesselgröße zuläßt, ist eine *Stetigregelung* anzuwenden, die eine gleichmäßige thermische Belastung des Kessels ergibt.

Wasserstandregelung s. unter 4.2.

Neben diesen unmittelbar regelnden Geräten sind anzeigende und z. T. schreibende Geräte vorhanden, die eine *wärmetechnische und damit wirtschaftliche Beurteilung des Kessels* ermöglichen, wie z. B. *das Messen des CO_2-, CO- oder O_2-Gehaltes der Rauchgase, der Rauchgastemperatur und der Zugstärke sowie der Überhitzungstemperatur* an verschiedenen Stellen. Je nach Kesselgröße und Leistung sind entsprechende Meßstellen vorhanden und die ausgehenden Impulse können zum *Auslösen von Signalen* oder für weitere Regelaufgaben ausgenutzt werden. Der Regelaufwand muß in einem sinnvollen Verhältnis zur Erhöhung der Sicherheit oder der Verbesserung der Wirtschaftlichkeit stehen.

6. Überhitzer, Heißdampftemperaturregelung

Überhitzung des Sattdampfes bei gleichbleibendem Druck ergibt eine Vergrößerung des nutzbaren Wärmegefälles und damit des thermischen Wirkungsgrades. Überhitzung wird erforderlich, wenn weder in der Rohrleitung noch bei der weiteren Verwendung des Dampfes *Kondensation* erfolgen darf (*Erosion* in Turbinen).

6.1. Überhitzer-Bauarten. Überhitzer sind *Durchlaufheizflächen* und bestehen aus meist unbeheizten Sammlern für Sattdampfeintritt und Heißdampfaustritt und den am Ende des Feuerraumes oder in den Rauchgaszügen hängend oder liegend angeordneten *Überhitzerrohren* von 32 mm bis 38 mm äußerem Durchmesser. *Vierkantige Sammler* (Sammlerkästen) werden kaum noch angewendet, weil bei eingeschweißten Rohren bzw. Rohrnippeln die gegenüberliegenden Öffnungen zum Einführen der Rohrwalze entfallen können. *Hängende Überhitzerrohre* bereiten hinsichtlich der Befestigung keine Schwierigkeiten, lassen sich aber nicht ohne weiteres vollständig entwässern. Daraus ergeben sich besondere Vorkehrungen beim Anfahren und beim Konservieren für Stillstandzeiten. *Liegend angeordnete Überhitzerrohre* lassen sich leicht entwässern und bereiten in dieser Hinsicht keine Schwierigkeiten, aber für die *Halterung der Überhitzerrohre* müssen entweder *zunderbeständige Stähle* (Sicromal) *oder durch Wasser oder Dampf gekühlte Rohre* verwendet werden. Solange beim Anfahren eines Kessels keine Dampfströmung im Überhitzer vorhanden ist, muß er mit Wasser gefüllt bleiben oder in anderer Weise, z. B. mit Fremddampf, gekühlt werden. Zuschalten eines über die Anfahrleitung auf Druck gebrachten Kessels auf das Netz *darf nur unter Überdruck erfolgen,* damit die Strömung im Überhitzer auf keinen Fall zum Stillstand kommt (Verbrennen der Rohre).

Bezüglich der Anordnung innerhalb des Kessels werden *Strahlungsüberhitzer* (Wärmeübertragung hauptsächlich durch Strahlung), die im oberen Teil des Feuerraumes oder kurz danach angeordnet sind, und *Berührungsüberhitzer* (Wärmeübertragung hauptsächlich durch Berührung) unterschieden. *Strahlungsüberhitzer* bilden als *Wandüberhitzer,* ggf. auch gemischt mit Verdampferrohren, einen Teil des Strahlungsraumes oder sind als *Schottüberhitzer* über den ganzen Zugquerschnitt verteilt. Die einzelnen Schotten (senkrechte Wände aus unmittelbar aneinanderliegenden Rohren) sind in so großem Abstand voneinander (500 mm bis 1200 mm) angeordnet, daß sich keine Ablagerungen ansetzen können oder gar *Brückenbildung* möglich ist.

Da bei Dampf der *Wärmeübergangskoeffizient* α erheblich geringer ist als bei Wasser, liegt auch die Temperatur der Rohrwand merklich über der Dampftemperatur (30 grd bis 50 grd). Bei hohen Heißdampftemperaturen kann bereits ein Temperaturunterschied von 10 grd einen beachtenswerten Unterschied in der Festigkeit des Werkstoffes bedeuten. Als Werkstoff für Überhitzerrohre werden *je nach der Heißdampftemperatur warmfeste Kohlenstoffstähle oder CrMoV-legierte Stähle verwendet.* Nach Möglichkeit wird der „kalte" Sattdampf erst durch die im hohen Temperaturbereich liegenden *Strahlungsüberhitzer* geleitet, um hier die Rohrwandtemperaturen nicht unnötig ansteigen zu lassen. Bei Heißdampftemperaturen über 565 °C sind Rohre aus den *teuren austenitischen Stählen* erforderlich, die auch im Betrieb sehr sorgfältig zu behandeln sind (begrenzte Temperaturänderungsgeschwindigkeit, Beaufschlagung nur mit bereits überhitztem Dampf). Wenn die Berechnung der Rohr- oder Sammlerwanddicke auf der Basis der *Zeitstandfestigkeit* erfolgt, muß *die Heißdampftemperatur laufend gemessen und aufgeschrieben werden,* um später über die zulässige Dauer des Weiterbetriebes entscheiden zu können. Heißdampftemperaturen bis 660 °C sind verwirklicht worden. *Hohe Dampfgeschwindigkeiten* ($\geqq$ 25 m/s) *sollen den Wärmeübergang verbessern, der Druckabfall im Überhitzer soll aber 5 % nicht überschreiten.*

In *Zwischenüberhitzern* wird der nach teilweiser Expansion aus der Turbine herausgeführte Dampf wieder überhitzt, um den *thermischen Wirkungsgrad* zu steigern und *Kondensation* bei weiterer Entspannung zu verhindern. Die Überhitzung erfolgt oftmals wieder bis auf Hochdruck-Heißdampftemperatur (Frischdampftemperatur), auch in mehreren *Zwischenüberhitzerstufen.* Die im

Rauchgasstrom angeordneten, oder auch dampfbeheizten Zwischenüberhitzer gehören im Sinne der Begriffsbestimmungen nicht zum Dampfkessel, da sie nicht im Zusammenhang mit der Dampferzeugung stehen. Diese Überhitzer gehören aber *zur Dampfkessel-Anlage.*

6.2. Heißdampftemperaturregelung. *Beim Berührungs-Überhitzer steigt mit steigender Kesselleistung die Heißdampftemperatur,* weil neben größerer Rauchgasmenge auch Rauchgastemperatur und Strömungsgeschwindigkeit ansteigen. *Beim Strahlungs-Überhitzer sinkt mit steigender Kesselleitung die Heißdampftemperatur,* weil durch die mit steigender Belastung ansteigende Feuerraumtemperatur die Einstrahlung auf den Überhitzer zwar etwas größer wird, aber nicht ausreicht, um die größere Dampfmenge im gleichen Maße zu überhitzen. Diese *Charakteristik des Strahlenüberhitzers* ist weniger ausgeprägt (weniger steil) als die des Berührungsüberhitzers. Bei einfachen Überhitzern ist ein gewisser Ausgleich dadurch möglich, daß sie so eingebaut werden, daß die Wärmeübertragung sowohl durch Strahlung, als auch durch Berührung erfolgt. Bei mehrstufigen Überhitzern werden die einzelnen Stufen teils als Strahlungs- und teils als Berührungsüberhitzer angeordnet. *Schottüberhitzer* wirken durch Anordnung und Aufbau teils als Strahlungs- und teils als Berührungsüberhitzer und haben deshalb bereits eine *flache Charakteristik.* Bei *Strähnenbildung im Rauchgasstrom* müssen unzulässig hohe Dampf- und damit Rohrwandtemperaturen durch überkreuzte Führung der einzelnen Rohrstränge verhindert werden.

Wenn mit Rücksicht auf die Auslegung der Dampfturbine und den starken Abfall der Festigkeit des Rohrwerkstoffes bei hohen Temperaturen die Heißdampftemperatur in engen Grenzen zu halten ist, wird in der vorletzten Überhitzerstufe etwas höher überhitzt als erforderlich und der Dampf dann durch *Oberflächen- oder Einspritzkühler* so weit gekühlt, daß er nach Durchströmen der Überhitzer-Endstufe die geforderte Überhitzungstemperatur angenommen hat. Regelung der Heißdampftemperatur durch *Ablenken des Rauchgasstromes* oder durch *Mischen von Heißdampf und Sattdampf*, ggf. auch *Kühlen eines Teiles des Heißdampfes in der Trommel*, ist nur im niederen Temperaturbereich und bei kleinen Dampfleistungen möglich. Bei Durchlaufkesseln ist die Heißdampftemperatur weitgehend durch die Feuerungsleistung zu beeinflussen. Einspritzregelung ist aber trotzdem vorhanden, weil Regelimpulse auf Speisung und Feuerung die Heißdampf-Austrittstemperatur nicht so kurzfristig beeinflussen können, daß sie in den geforderten engen Grenzen gehalten werden kann.

Überhitzer erhalten am Austritt neben *Manometer* und *Thermometer* ein *Sicherheitsventil*, dessen Abblaseleistung bei unabsperrbar mit dem Kessel verbundenen Überhitzern voll auf die Gesamt-Abblaseleistung angerechnet wird. Das Ventil muß bei Überschreiten des zulässigen Dampfdruckes in der Trommel beginnen abzublasen. Das Sicherheitsventil auf der Trommel darf erst nach dem Überhitzer-Sicherheitsventil ansprechen, damit z. B. beim Auslösen des Turbinen-Schnellschlußventiles im Überhitzer stets die zur Kühlung erforderliche Dampfströmung aufrecht erhalten bleibt.

7. Nachgeschaltete Heizflächen

Am Ende der Berührungsheizfläche haben die Rauchgase oft noch Temperaturen, die höher sind als sie für die *Zugerzeugung* bei natürlichem Zug erforderlich sind und im anderen Falle eine unnötige thermische Belastung des Schornsteins bedeuten. Um den Wirkungsgrad der Anlage zu verbessern, werden deshalb in einem besonderen, *nachgeschalteten Rauchgaszug* verschiedene Wärmeübertrager eingebaut, so daß der Wärmeinhalt der Rauchgase noch so weit ausgenutzt werden kann, wie es einwandfreier Kesselbetrieb zuläßt.

Im wesentlichen wird die Restwärme ausgenutzt zum *Vorwärmen des Speisewassers (Abgas-Speisewasservorwärmer, Eko)*, und bei größeren Anlagen weiterhin zum *Vorwärmen der Verbrennungsluft (Luftvorwärmer, Luvo)*.

Beim Übertragen großer Wärmemengenanteile in den nachgeschalteten Heizflächen und entsprechend großen Differenzen zwischen den Ein- und Austrittstemperaturen von Speisewasser und Verbrennungsluft werden die Wärmeübertrager auch in mehreren Stufen ausgeführt. Dabei können je nach Rauchgastemperatur auch unterschiedliche Konstruktion in Frage kommen. Die Rauchgase durchströmen dann z. B. nacheinander Eko 2. Stufe — Luvo 2. Stufe — Eko 1. Stufe — Luvo 1. Stufe.

7.1. Speisewasservorwärmer. Für diese Wärmeübertrager ist noch die aus dem Englischen stammende und auf den Zweck hinweisende Bezeichnung *Ekonomiser* (Eko) üblich. Je nach Betriebsdruck und Temperatur werden die Vorwärmer verschieden ausgeführt.

Abgas-Speisewasservorwärmer im Sinne der Dampfkessel-Bestimmungen sind Durchlaufheizflächen und dienen zum Erwärmen des Speisewassers *ohne daß betriebsmäßig Dampf erzeugt wird.* Sie sind wasserseitig und rauchgasseitig vom Kessel absperrbar. Ist eine rauchgasseitige Umgehung nicht vorhanden, muß der Vorwärmer besonders gespült werden, wenn beim An- und Abfahren oder beim Absinken der Dampfentnahme auf Null (keine Speisung) eine wasserseitige Strömung im Vorwärmer nicht mehr vorhanden ist. Die Wasserströmung soll stets von unten nach oben gerichtet sein, damit sich im Fall gedrosselter Speisung Dampfblasen nicht ansammeln können. Der Vorwärmer gilt nicht unmittelbar als Teil des Kessels, weil zwischen Kessel und Vorwärmer *ein Absperrventil und eine Rückströmsicherung* angeordnet sein muß. Für Bau, Ausrüstung und Betrieb gelten die besonderen *Sicherheitstechnischen Richtlinien* [28].

Die einfachste Bauart stellt ein *System von Rippenrohren aus Grauguß dar.* Die Rippenrohre werden neben-

und übereinander angeordnet und durch *Umlenkbogen (Krümmer)* untereinander so verbunden, daß das Wasser alle Rohre nacheinander durchströmt (Rippenrohr-Vorwärmer aus gleichartigen Bauelementen zusammengesetzt entspr. Bild 7.1). Anstelle der Rippen werden als Wärmeübertragungsflächen auch *Zähne oder Nadeln* angeordnet, die bei besserer Reinigungsmöglichkeit infolge der Turbulenz bessere Wärmeübergangsverhältnisse ergeben. Der Werkstoff Gußeisen bietet einen gewissen Schutz gegen *Korrosion und Verschleiß (Taupunktunterschreitung, Rußbläser).* Bezüglich Einbau des Vorwärmers in die Gesamtkesselanlage gibt auch Bild 8.14 ein Beispiel.

Bei höheren Drücken (ab 30 at bis 64 at) werden Rippenrohre und Krümmer meist mit *eingegossenen Stahlrohren* als drucktragende Elemente ausgeführt.

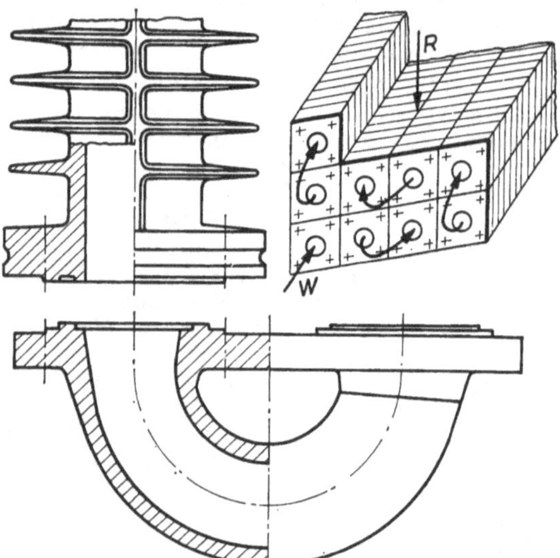

Bild 7.1. Abgas-Speisewasservorwärmer. Rippenrohr, Krümmer und Strömungsschema. W Wassereintritt, R Rauchgasstrom.

Liegen Vorwärmer im Bereich höherer Temperaturen, werden sie als *Glattrohr-Vorwärmer* mit schlangenförmig angeordneten Rohren aus warmfestem Stahl ausgeführt.

Der Vorwärmer wird mit dem Kessel unmittelbar zusammengebaut. Eine *Zentral-Vorwärmeranlage,* die in den Rauchgas-Sammelkanal einer Kesselanlage eingeschaltet ist, wird heute nur noch in Ausnahmefällen ausgeführt.

Das *Temperaturniveau des Vorwärmers* ist besonders zu beachten. Die Temperatur des Wassers am Eintritt kann sehr unterschiedlich sein und z. B. 10 °C bis 20 °C bei *Frischwasser,* 40 °C bis 80 °C bei *Kondensat,* über 100 °C bei aufbereitetem Wasser *mit Entgaser* auf dem Speisewasser-Behälter und weit über 100 °C bei vorgeschalteter *Erwärmung durch Anzapfdampf* betragen. Für die mögliche Temperaturerhöhung im Vorwärmer gilt als Anhaltswert, daß einer Erwärmung des Speisewassers um 1 grd eine Abkühlung der Rauchgase um 2,2 grd entspricht.

Wenn das eingespeiste Wasser zu kalt ist, kann trotz hoher Temperatur der Rauchgase je nach ihrer Zusammensetzung *Taupunktunterschreitung an den Heizflächen* eintreten. Hier muß z. B. durch *Zumischen von wärmerem Kesselwasser* (Umlaufwasser) oder durch Vorschalten eines *dampfbeheizten Vorwärmers* (s. auch Bild 8.14 mit Vorwärmung in der Kesseltrommel) die Wassereintrittstemperatur so weit angehoben werden, daß die Temperatur der Heizflächen auf alle Fälle über dem *Säuretaupunkt* liegt (s. Bd. I, Abschn. 2.11). Besteht keine Korrosionsgefahr, so darf auch der *Wassertaupunkt* nicht unterschritten werden, weil sonst an feuchten Heizflächen die *festen Beimengungen* der Rauchgase *ankleben und einen schwer zu entfernenden Belag bilden.* Das Anordnen wirksamer Reinigungsmöglichkeiten (feste oder bewegliche *Rußbläser)* ist beim Aufbau der Vorwärmer besonders zu beachten (lange, schmale Durchtrittskanäle bei Rippenrohrvorwärmern). Bei einer größeren Anzahl von Rohrreihen übereinander werden diese dann in Gruppen unterteilt, damit die dazwischen angeordneten Rußbläser ausreichend wirksam bleiben.

Rauchgas und Wasser werden meist im *Gegenstrom* bzw. *Kreuzstrom* geführt. Wasser strömt zwar in der Hauptrichtung entgegen dem nach oben oder unten gerichteten Rauchgasstrom, aber innerhalb der einzelnen Rohre fließt es waagrecht. Der Vorwärmer hat einen nach Größe und Bauart verschieden großen *rauchgasseitigen Strömungswiderstand,* der entsprechend den jeweiligen Zugverhältnissen den Einbau eines *Saugzuggebläses (Zugverstärkers)* notwendig macht, sofern nicht die Feuerung selbst schon mit ausreichendem Überdruck betrieben wird. Bei Planungen und bei Wirkungsgradberechnungen dürfen diese Anlagekosten und der Energiebedarf im Betrieb nicht vernachlässigt werden. *Rotierende Vorwärmer aus Stahlrohren,* teilweise mit aufgeschrumpften *Wärmeübertragungslamellen,* sollen den Rauchgasen eine Beschleunigung erteilen und damit den Zugverlust gewissermaßen selbst wieder ausgleichen. Die *turbulente Strömung* soll besseren Wärmeübergang bewirken. Diese Vorwärmer sind nur vereinzelt in Betrieb.

Vorwärmer aus Gußeisen sind bei Betriebsdrücken bis 60 atü anzuwenden. In ihnen wird das Wasser höchstens auf eine Temperatur, die *20 grd bis 30 grd unter der Sattdampftemperatur* liegt, erwärmt. Sie sind zwar mit dem Kessel zusammengebaut, gehören aber nicht zum Kesselkörper. Zwischen Kessel und Vorwärmer liegen das in den Technischen Regeln für Dampfkessel vorgeschriebene *Absperrorgan und die Rückströmsicherung.* Diese Vorwärmer müssen ein besonderes *Sicherheitsventil* haben. Bei manchen Ausführungen besteht die Möglichkeit, den Rauchgasstrom abzulenken und den Kessel ohne Vorwärmer zu fahren. Dieser wird dann auch wasserseitig umgangen, um den Strömungswiderstand zu verringern.

Für *Glattrohrvorwärmer aus Stahlrohren* besteht keine Druck- oder Temperaturbegrenzung. Sie werden in gleicher Weise wie Rippenrohrvorwärmer betrieben oder es findet eine höhere Erwärmung des Wassers oder sogar eine *teilweise Verdampfung* statt. Die Vorwärmer sind dann aber ein Teil des Kesselkörpers und stehen unmittelbar mit der Trommel oder einem Dampfsammler in Verbindung. Sie werden als *Vorwärmerteil oder Vorverdampfer* bezeichnet und die Dampfkesselbestimmungen gelangen voll zur Anwendung.

Bei größeren Kesseln kann ein Hintereinanderschalten von Rippenrohr- und Glattrohrvorwärmern (Rippenrohrvorwärmer ggf. mit niedrigerem Druck) zweckmäßig sein.

Dampfbeheizte Speisewasservorwärmer sind keine Kesselteile, sondern *Druckbehälter* im Sinne der Unfallverhütungsvorschrift und werden hier nicht behandelt

7.2. Luftvorwärmer. Eine weitere Möglichkeit, den Restwärmeinhalt der Rauchgase nutzbar zu machen, ist das *Vorwärmen der Verbrennungsluft.* Es werden höhere Verbrennungstemperaturen erzielt, die eine Vergrößerung des nutzbaren Wärmegefälles und damit eine Verbesserung des Wirkungsgrades ergeben. Voraussetzung ist, daß *hohe Feuerraumtemperaturen* überhaupt erwünscht bzw. zulässig sind. Es kommen nur *gekühlte Feuerräume* (Strahlungskessel) in Frage. Bei Rostfeuerungen muß sich die Vorwärmung in mäßigen Grenzen halten (200 °C bei Braunkohle, 120 °C bei Steinkohle), während bei Kohlenstaubfeuerung die Temperatur bis auf 400 °C (bei sehr wasserhaltigen Brennstoffen bis 500 °C) ansteigen kann. Bei Ölfeuerungen ist Vorwärmen bis 350 °C möglich.

Die Rauchgastemperatur beim Verlassen des Vorwärmers wird so niedrig gewählt (180 °C bis 120 °C), wie es mit Rücksicht auf die Wirtschaftlichkeit und mögliche Taupunktunterschreitungen bei Berücksichtigung des weiteren Rauchgasweges zulässig ist. Zum Einhalten bestimmter Lufttemperaturen werden auch *dampfbeheizte, regelbare Luftvorwärmer* zwischengeschaltet.

Hinsichtlich Bauart und Betriebsweise werden bei den Luftvorwärmern (abgekürzt Luvo genannt) unterschieden:

Rekuperative Vorwärmer, bei denen die Rauchgaswärme durch eine metallische Wand hindurch unmittelbar auf die Verbrennungsluft übertragen wird.

Regenerative Vorwärmer, bei denen Wärmespeicherelemente durch die Rauchgase aufgeheizt werden und dann nach einer Umschaltung ihre Wärme an die vorbeiströmende Luft abgeben.

Bei den rekuperativen Vorwärmern gibt es verschiedene Ausführungsformen. *Röhrenvorwärmer* aus Blech mit Rohren von 50 mm bis 100 mm Durchmesser ergeben Heizflächen von 10 m^2 bis 20 m^2 je m^3 Bauvolumen. Die Rauchgase werden in den Rohren oder auch um die Rohre geführt, je nachdem, ob man bei schmutzigen und staubhaltigen Gasen auf leichte Reinigungsmöglichkeit Wert legt oder ob man bei harmlosen Gasen auf günstige Wärmeübertragungsverhältnisse achten kann. *Rohrelemente aus Sondergußeisen mit angegossenen Wärmeübertragungsflächen innen und außen* (auf beiden Seiten Gas mit schlechtem Wärmeübergangskoeffizient) sind an Stellen mit Zunder- oder Korrosionsgefahr zweckmäßig.

Bei *Taschen- oder Platten-Luftvorwärmern* werden durch Bleche, die im Abstand von 12 mm bis 40 mm angeordnet sind, *Kanäle (Taschen)* gebildet. In benachbarten Kanälen strömen jeweils Gas und Luft und die Wärme wird durch die Blechwände hindurch unmittelbar übertragen (Gegen- oder Kreuzstrom). Damit beide Medien annähernd gleiche Strömungsgeschwindigkeit haben, werden die Strömungsquerschnitte für Luft und Gas annähernd im Verhältnis 1 : 2 ausgeführt.

Werden die Vorwärmer aus einzelnen Blöcken aufgebaut, wird ein durchgehender Rauchgasstrom angestrebt, während erforderliche Umlenkung unter Beachtung strömungsgünstiger Formgebung auf der Luftseite angeordnet werden. Druckverluste lassen sich hier durch geeignete Gebläse in einfacher Weise ausgleichen.

Regenerative Luftvorwärmer in Form von gemauerten Kammern, durch die abwechselnd heiße Hochofengase und die vorzuwärmende Verbrennungsluft strömen, sind aus der Hüttentechnik bekannt. Im Kesselbau hat sich wegen des begrenzten Raumes und mit Rücksicht auf die Temperaturverhältnisse der aus *Stahlblechlamellen* aufgebaute, *rotierende Ljungström-Luftvorwärmer* (Bild 7.2) eingeführt. Profilierte Stahlbleche von 0,5 mm bis 0,75 mm Dicke sind an einem drehbar gelagerten Zentralrohr kreisringförmig angeordnet. Durch einen am Umfang angreifenden, mechanischen oder hydraulisch-mechanischen Antrieb wird der aus einzelnen Paketen zusammen-

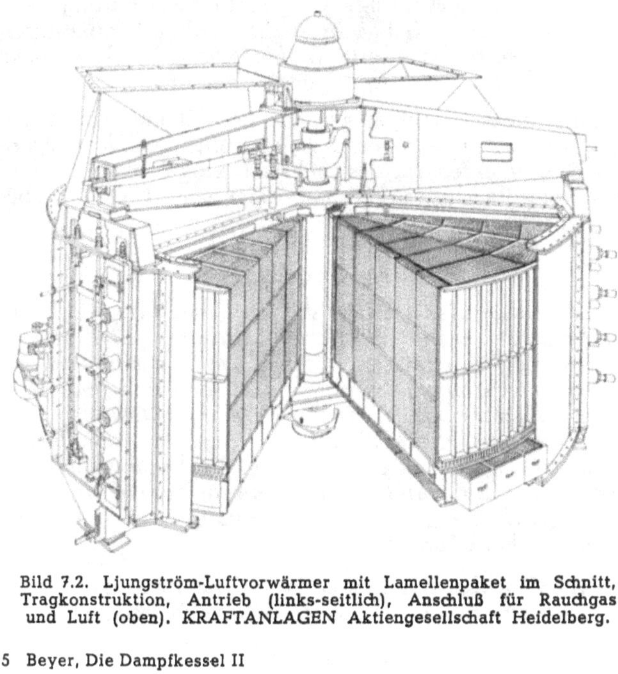

Bild 7.2. Ljungström-Luftvorwärmer mit Lamellenpaket im Schnitt, Tragkonstruktion, Antrieb (links-seitlich), Anschluß für Rauchgas und Luft (oben). KRAFTANLAGEN Aktiengesellschaft Heidelberg.

gebaute Lamellenkörper in gleichförmige Drehung versetzt. Jeweils durch einen Teil des Lamellenkörpers strömen die Rauchgase und heizen die Bleche auf, während im restlichen Teil die durchströmende Luft sich an den aufgeheizten Lamellen erwärmt.

Die Querschnitte werden so aufgeteilt, daß auf Gas- und Luftseite gleiche Strömungsgeschwindigkeit herrscht. Die Abdichtung zwischen Gas- und Luftseite wird durch Einblasen von *Schleusluft* erzielt. *Gleitende Abdichtungen* haben sich nicht bewährt. Der Vorwärmer wird je nach vorhandenem Platz und der Führung des Rauchgas- und Luftstromes mit senkrechter oder waagerechter Welle eingebaut. Das Temperaturniveau muß so hoch liegen, daß mit Korrosion infolge Taupunktunterschreitung nicht zu rechnen ist. Bei sehr hohen Abgastemperaturen kommen auch *emaillierte Stahlbleche oder keramische Wärmeübertragungskörper* zur Anwendung.

Eine andere, weniger gebräuchliche Bauart verwendet ein *endloses, umlaufendes Band nebeneinander liegender Schraubenfedern,* das mehrfach umgelenkt wird und erst vom Rauchgasstrom und dann vom Luftstrom beaufschlagt wird.

8. Kesselfeuerungen

Kesselfeuerungen haben die Aufgabe, Brennstoff und Verbrennungsluft im günstigsten Mischungsverhältnis und und in möglichst feiner, gleichmäßiger Verteilung zusammenzuführen, den Brennstoff zu zünden und eine möglichst vollkommene Verbrennung zu gewährleisten. Für die Verbrennung selbst muß ein Feuerraum zur Verfügung stehen, der so groß ist, daß in Abhängigkeit von Art und Teilchengröße des Brennstoffes und der Strömungsgeschwindigkeit die Verbrennung in diesem Raum zum Abschluß kommt.

8.1. Weg der Rauchgase. Wenn die Rauchgase, nachdem sie den größten Teil ihres Wärmeinhaltes an die verschiedenen Heizflächen abgegeben haben, den Kessel verlassen, werden sie *durch den Fuchs in den Schornstein geleitet.* Der Fuchs ist der meist unterirdisch geführte Verbindungskanal zwischen Kessel und einem gesondert aufgestellten Schornstein. Da der Fuchs zur Auftriebserzeugung nicht beiträgt, sondern nur einen zusätzlichen Reibungswiderstand darstellt und außerdem in begrenztem Maße eine Abkühlung der Rauchgase bewirkt, soll er bei rein thermischer Zugerzeugung möglichst kurz sein (Länge $L \leqq 0{,}25 \cdot$ Schornsteinhöhe H). *Für Querschnitt und Höhe des Schornsteins sind feuerungstechnische Forderungen und Maßnahmen zur Reinhaltung der Luft maßgebend.*

Um eine stetige Verbrennung zu erzielen, müssen die Rauchgase mit einer bestimmten Geschwindigkeit abströmen und die Widerstände in der Feuerung und in den einzelnen Kesselzügen müssen überwunden werden. Bei der *Unterdruckfeuerung* entsteht der erforderliche Zug durch den *thermodynamischen Auftrieb* (im Schornstein eine Säule warmer, leichter Rauchgase, außen eine gleichhohe Säule kalter, schwerer Luft). Um das Wärmeniveau zu halten und Korrision zu verhindern, muß der Schornstein je nach Höhe und der Temperatur der Rauchgase isoliert werden. Reicht bei großen Heizflächenwiderständen oder kurzen Schornsteinen der natürliche Zug nicht aus, muß zwischen Kessel und Schornstein ein *Saugzuggebläse* eingebaut werden, das den für die erforderliche Rauchgasgeschwindigkeit notwendigen Zug erzeugt *(Zugverstärker).* Bei Rostfeuerungen kann auch ein *Unterwindgebläse* die Verbrennungsluft durch das Brennstoffbett drücken, so daß der Schornsteinzug für das Überwinden der restlichen Widerstände ausreichend ist.

Die Zugerzeugung mit Schornstein ist witterungsabhängig. Feuerungen, die hinsichtlich Wirkungsgrad und Regelungsgeschwindigkeit besondere Anforderungen erfüllen müssen, werden deshalb als *Überdruckfeuerungen* ausgebildet. Die Verbrennungsluft wird unter Überdruck dem Feuerraum zugeführt und mit dem Brennstoffdurchsatz genau abgestimmt, so daß im Feuerraum immer die gleichen optimalen Verhältnisse herrschen. Für die Schornsteinhöhe und in gewissen Grenzen auch für den Querschnitt sind dann nur Forderungen der Luftreinhaltung maßgebend.

Um die *Anforderungen zur Reinhaltung der Luft* zu erfüllen, muß die *Emission* (Auswurf von Staub, Ruß, schädlichen Gasen) begrenzt werden. Bevor die Rauchgase in den Schornstein gelangen, sind die schädlichen Beimengungen *durch Zyklon-Abscheider, Elektrofilter oder Waschvorgänge soweit zu entfernen, wie es technisch und wirtschaftlich überhaupt möglich ist.* Um die *Immission* (Einfall der schädlichen Stoffe in der Umgebung), auch unter Berücksichtigung einer *Vorbelastung* durch andere Betriebe *(Emittenden)*, in den vorgeschriebenen Grenzen zu halten, muß der Schornstein ausreichend hoch geführt werden. Kann der Schornstein nicht in der erforderlichen Höhe ausgeführt werden, so muß durch zusätzliche Gebläse bei Verringerung des Schornsteinquerschnittes an der Mündung (Düse), die Rauchgasgeschwindigkeit so weit vergrößert werden *(dynamische Höhe)*, daß die erforderliche Auswurfhöhe erreicht wird. Notfalls muß bei *besonderen Wetterlagen oder bei Betrieb mit voller Leistung auf einen anderen Brennstoff* (z. B. schwefelarmes Heizöl) *umgestellt werden.*

Die durch die Rauchgasbeimengungen hervorgerufenen *Heizflächenverschmutzungen* sind zu entfernen, soweit sie den *Wärmeübergang* beeinträchtigen oder zu *Korrosionen* führen können. Im Bereich der gefährdeten Stellen werden *feste oder bewegliche Rußbläser* angeordnet und bei Schwachlastbetrieb die Ablagerungen mit Dampf oder Druckluft (keine Feuchtigkeit!) weggeblasen. Bei einem anderen Verfahren werden Metallkugeln benutzt, die nach einem bestimmten Schema auf die Heizflächen fallen und die Verunreinigungen gewissermaßen abklopfen *(Kugelregen-Reinigung)*. Ggf. kann auch ein Waschen der

Heizflächen zweckmäßig sein. Entfernen der Beläge durch Ultraschalleinwirkung hat bisher noch zu keinem eindeutigen Ergebnis geführt.

8.2 Feuerungen für körnige Brennstoffe — Roste. Bauelement für alle Feuerungen, mit denen feste Brennstoffe, auf mehr oder weniger gleiche Körnung zerkleinert, verbrannt werden sollen, ist der *Rost.*

8.2.1 Feststehende Roste. Bei der einfachsten Ausführung, dem *Planrost,* liegen einzelne Roststäbe aus Grauguß in einem Rahmen mit Zwischenräumen nebeneinander und bilden die eigentliche *Rostfläche,* auf der der Brennstoff verbrannt wird. Die Spalte zwischen den Stäben stellen die *freie Rostfläche* mit 25 % bis 45 % der Gesamtrostfläche dar. Durch die Spalte strömt die zur Verbrennung erforderliche Luft, wird erwärmt und verhindert zu starke Erwärmung der Roststäbe. *Unverbranntes* fällt zwischen den Roststäben in den *Aschfall.* Geradlinige Roststäbe nach Bild 8.1 haben eine Breite von 12 mm bis 20 mm bei einer Länge von 600 mm. Die zur ausreichenden Kühlung erforderliche Höhe beträgt mindestens 100 mm. Durch angegossene Nocken ergibt sich der je nach Größe der freien Rostfläche erforderliche Abstand zwischen den Stäben. Besonders profilierte Roststäbe haben sich nur in Einzelfällen bewährt. Das DIN-Einheitsblatt 2911 über Planroststäbe vom 4. 1944 ist nicht zu einer DIN-Norm weiterbearbeitet worden; die Anforderungen sind zu unterschiedlich.

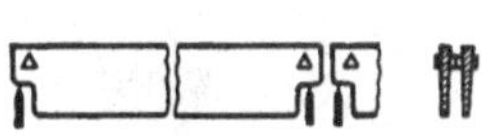

Bild 8.1. Roststäbe für Planrost.

Die Brennstoffschicht soll gleichmäßig über den Rost verteilt sein. Ihre zweckmäßige Höhe ist von der Brennstoffkörnung (Luftwiderstand) und dem eingestellten Zug (Kesselbelastung) abhängig. Anteil der freien Rostfläche und Form der Spalte haben großen Einfluß auf die Güte der Verbrennung und sind für jeden Brennstoff verschieden.

Der Rost kann je nach Einbauverhältnissen als *Unter-Feuerung* bei Walzenkesseln und kleinen Wasserrohrkesseln, als *Innenfeuerung* im Flammrohr oder als *Vorfeuerung* in einer besonderen *Muffel* (ungekühlt, deshalb unwirtschaftlich) für Flammrohr-Rauchrohr oder Rauchrohrkessel betrieben werden. Der Rost wird am hinteren Ende durch die gemauerte *Feuerbrücke* abgeschlossen. Die Querschnittsverengung ergibt höhere Gasgeschwindigkeit und Verwirbelung, es soll eine möglichst vollkommene Verbrennung erzielt werden. Die Wärmestromdichte ist an dieser Stelle am größten. Bei bestimmten Brennstoffen kann auch durch die Feuerbrücke heiße *Zweitluft* eingeblasen werden, um eine vollständige Verbrennung zu erzielen *(Nachverbrennung)*. Der Abschluß der Feuerung nach außen mit *Feuertür* und *Klappe am Aschfall* wird als *Feuergeschränk* bezeichnet.

Der Brennstoff kann entweder von Hand (Rostlänge auf 2,0 m bis 2,5 m begrenzt) oder mechanisch aufgegeben werden. Bei *handbeschickten Rosten* muß *Aufwerfen* und *Verteilen des Brennstoffes,* sowie *Aufbrechen, Schüren* und *Abschlacken des Feuers* bei geöffneter Feuertür, also bei denkbar ungünstigen Verhältnissen für die Feuerung erfolgen. *Wurfbeschicker* haben eine federgespannte *Wurfschaufel,* der aus einem Kohlentrichter abgemessene Brennstoffmengen zugeteilt werden. Nach einem festgelegten Plan wird dieser Brennstoff durch *verschiedene*

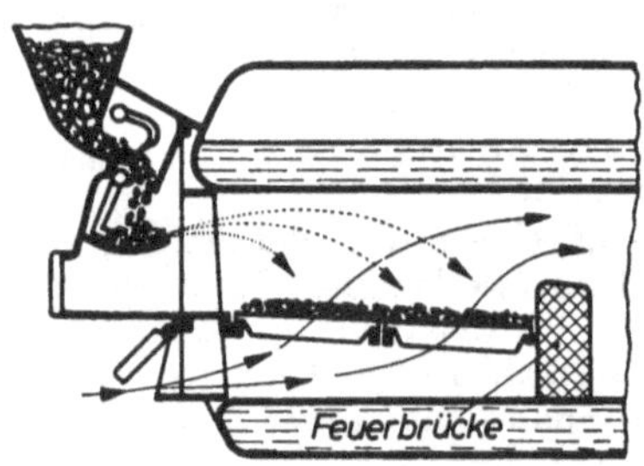

Bild 8.2. Rost-Innenfeuerung mit Wurfbeschicker.

Wurfweiten über den Rost verteilt. Beim Abschlacken und Korrigieren der Feuerverteilung von Hand wird der Wurfbeschicker abgeschaltet. Um an das Feuerbett zu gelangen, wird entweder die Wurfschaufel zurückgeklappt oder unterhalb des Wurfapparates befindet sich eine besondere Feuertür. Die Zufuhr der Verbrennungsluft wird durch die Klappe am Aschfall und durch einen Schieber (oder Klappe) im Rauchgaskanal geregelt. Bei sehr feinkörnigem, dicht liegendem Brennstoff und zur Erzielung hoher Rostleistungen oder wenn eine ausreichende Schornsteinhöhe nicht vorhanden ist, wird die Verbrennungsluft durch ein Gebläse unter Druck zugeführt (Unterwind). Wenn dabei auch im Feuerraum ein Überdruck entsteht, muß beim Öffnen der Feuertür das Unterwindgebläse selbsttätig abgestellt werden.

Wenn bei Vor- und Unterfeuerungen der Rost *entsprechend dem Böschungswinkel des Brennstoffes* geneigt werden kann, rutscht ein oben aus einem Trichter aufgegebener Brennstoff mit fortschreitendem Ausbrand selbsttätig nach. Diese, als *Schrägrost* bezeichnete Bauart wird für besonders wasserhaltige Brennstoffe mit treppenartig angeordneten Rostplatten ausgeführt — *Treppenrost.* Durch zwei spiegelbildlich quer angeordnete Schräg- bzw. Treppenroste entsteht ein *Muldenrost.* Es können auch mehrere Muldenroste nebeneinander angeordnet werden mit Brennstoffschächten seitlich und zwischen den Mulden. Schüren und Abschlacken erfolgt auf dem meist ebenen unteren Teil des Rostes von Hand.

8.2.2. Schubroste. Bei Plan-, Schräg- und Muldenrosten kann der Brennstoff auch durch *Transportschnecken* oder *Schubgestänge* in abgemessenen Mengen zwangläufig unter die bestehende Glut auf den Rost geschoben werden — *Unterschubroste oder Stocker.*

Schräg- und Muldenroste können auch mit kleineren Neigungswinkeln ausgeführt werden als dem Böschungswinkel des jeweiligen Brennstoffes entspricht. Durch *kleine einstellbare Hubbewegungen einzelner Roststäbe oder Rostteile* erfolgt die Bewegung des Brennstoffes auf dem Rost zwangsläufig — *Vorschubroste.* Beim *Ringrost* liegen drei kreisringförmige Roste übereinander. Auf den oberen Ring mit großem Durchmesser wird der Brennstoff aufgegeben. Durch Drehbewegung der Roste, die verschiedene Mittelpunkte haben, wird der Brennstoff von einem zum anderen Rost nach innen unten geschoben. In der Mitte befindet sich ein herausziehbarer oder kippbarer Planrost.

Eine Sonderausführung ist der MARTIN-*Rückschubrost* für Kohlen mit sehr hohem Aschegehalt. Entsprechend der Neigung dieses Rostes rutscht der Brennstoff nach unten, aber die angetriebenen Roststufen schieben den bereits entzündeten Brennstoff wieder aufwärts und stellen so die Zündung des nachrutschenden Brennstoffes sicher. Die Verbrennungsluft wird unter Druck zugeführt.

Schüttelroste sind Schrägroste geringer Neigung. Die Tragrohre des Rostes werden von Kesselwasser durchflossen. Durch einen Exzentertrieb wird der Rost in kurze, schnelle Schwingungen versetzt und damit das Brennstoffbett aufgelockert und in Richtung zum Rostende bewegt. Zur Leistungsregelung können *Hub* (einige mm), *Frequenz* und *Einschaltdauer des Rostantriebes* verändert werden.

Die jeweils erforderliche Rostfläche wird aus der von Brennstoff und Rostbauart abhängigen Rostwärmebelastung bestimmt.

Sie beträgt bei Verfeuerung von Steinkohle auf

Planrost, handbeschickt	$(500 \ldots 600) \cdot 10^3$ kcal/m² h
Planrost mit Wurfbeschicker	$(600 \ldots 750) \cdot 10^3$ kcal/m² h
Unterschubrost	$(900 \ldots 1350) \cdot 10^3$ kcal/m² h

Sie beträgt bei Verfeuerung von Braunkohle auf

festem Treppenrost	$(450 \ldots 530) \cdot 10^3$ kcal/m² h
Vorschub-Treppenrost	$(550 \ldots 650) \cdot 10^3$ kcal/m² h
Vorschubrost m. Unterwind	$(700 \ldots 900) \cdot 10^3$ kcal/m² h

8.2.3. Wanderroste. Der *Wanderrost* ist ein aus 250 mm bis 350 mm langen Roststäben zusammengesetztes endloses Rostband mit Antriebskette rechts und links (und in der Mitte bei sehr breiten Rosten), das mit einstellbarer Geschwindigkeit (100 . . . 200 mm/min) durch den Feuerraum läuft. Um im Gefahrenfall (Wassermangel, Rohrreißer) den auf dem Rost befindlichen Brennstoff schnell aus dem Feuerraum bringen zu können, ist ein Schnellgang vorgesehen. Aus einem Vorratstrichter fließt die Kohle auf den Rost und unter einem einstellbaren *Schichthöhenbegrenzer* hindurch wandert die Kohle in den Feuerraum. Die Höhe der Brennstoffschicht beträgt im Mittel 70 bis 150 mm. Dem eigentlichen Feuerraum vorgebaut ist das *Zündgewölbe*, in dessen Bereich der Brennstoff durch Wärmestrahlung getrocknet und auf Zündtemperatur erwärmt wird. Bei den hohen Feuerräumen der Strahlungskessel ist die Flammenstrahlung so intensiv, daß auf ein besonderes Zündgewölbe verzichtet werden kann.

Die Verbrennungs-Erstluft wird dem Brennstoffbett durch die Roststäbe hindurch zugeführt. Um eine wirtschaftliche Verbrennung zu erzielen, müssen je nach Rostbelastung (Schichthöhe, Rostgeschwindigkeit) und je nach Grad des Ausbrandes über die Rostlänge unterschiedliche Luftmengen zugeführt werden. Bei größeren Rosten wird deshalb die Luft durch nebeneinander liegende Einzelkanäle, jeweils mit besonderer Luftmengenregelung, zugeführt — *Zonen-Wanderrost* mit 4 bis 12 Zonen. Gleichmäßige Verteilung über die Rostbreite wird durch die Leitbleche in den Kanälen erreicht. Hoch vorgewärmte *Zweitluft* zur Verwirbelung und zum vollen Ausbrand der Feuergase kann von oben (Zündgewölbe) oder seitlich eingeblasen werden.

Am Ende des Feuerraumes wird das Feuerbett durch pendelnd aufgehängte Balken so weit gestaut, daß voller Ausbrand erfolgt *(Staupendel)*. Gleichzeitig verhindert das Staupendel den Zutritt von *Falschluft*. Außerhalb des Feuerraumes, beim Umlenken des Rostes, fallen Schlacke, Asche und Unverbranntes in den *Schlackentrichter* und können über einen *Wasserverschluß* bei gleichzeitiger Kühlung ausgetragen werden. In dem auf der Unterseite rücklaufenden Rostteil kippen bei manchen Ausführungen die beweglich angelenkten Roststäbe nach unten ab. Es erfolgt eine Selbstreinigung und gleichzeitig Kühlung durch die Verbrennungsluft, die dabei vorgewärmt wird. Bei festen Roststäben wird am vorderen Rostende eine besondere *Abklopfvorrichtung* angeordnet. Die Luft wird meist mit Überdruck zugeführt *(Unterwindgebläse)*. Der Antrieb des Rostes erfolgt am vorderen, kalten Ende (Kesselwärterstand) über stufenlose oder Schaltgetriebe mit Rutschkupplung, damit bei Verklemmungen in der Rostbahn der Rost zum Stillstand kommt und nicht zerstört wird. Ungefähr $^1/_3$ des gesamten Rostes befindet sich jeweils im Feuerraum. Seitlich wird das Feuerbett auf dem Rost durch *Kühlbalken* begrenzt, für die man früher *Vierkantrohre* verwendete (Einwalzen der Feuerraumrohre). Heute werden meist zwei dickwandige zylindrische Rohre übereinander angeordnet. Die Rohre sind an den Wasserkreislauf angeschlossen und dienen in den meisten Fällen als Sammler für die Seitenwandrohre. Bei größeren Längen werden sie geteilt, um den Wasserumlauf zu beherrschen und Verformungen besser ausgleichen zu können.

Maximale Rostlänge: 8,5 m

Maximale Rostbreite: 10 m, ggf. 2 Roste nebeneinander

Rostwärmebelastung:

$(850 \ldots 950) \cdot 10^3$ kcal/m^2 h für einfache Roste

$(900 \ldots 1350) \cdot 10^3$ kcal/m^2 h bei Zoneneinteilung

Anwendungsgrenze: Kessel mit $D' \leqq 100$ t/h Dampferzg.

Sonderausführungen der Wanderroste werden als „*Klein-Wanderrost*“ oder als Kombination eines Wurfbeschickers mit einem rücklaufenden Wanderrost auch in Flammrohre eingebaut, um eine weitgehende Mechanisierung zu erreichen und die durch das Öffnen der Feuertür entstehenden Nachteile zu vermeiden.

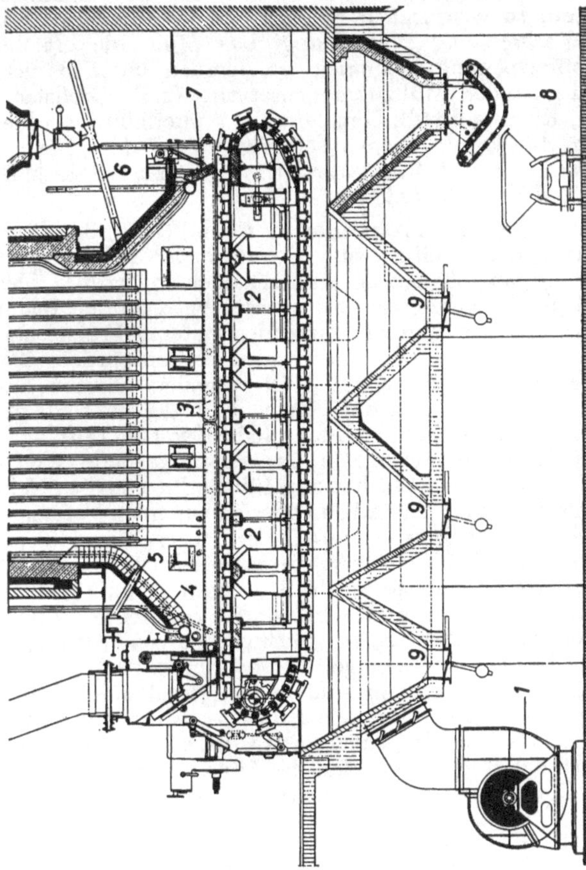

1 Unterwind-Gebläse, 2 Zonen für Luftzufuhr, 3 Rostkühlbalken, 4 Zündgewölbe, 5 Zweitluft, 6 Flugkoksrückführung, 7 Staupendel, 8 Entschlacker, 9 Aschetrichter.

Bild 8.3. DÜRR-Unterwind-Zonen-Wanderrost.

8.2.4 Sonderausführungen. Für wenig gebräuchliche Brennstoffe mit besonderen Eigenschaften müssen auch besondere Roste entwickelt werden, um die Wirtschaftlichkeit, so weit irgend möglich, zu gewährleisten. Für die *Verbrennung (Veraschung) von Müll,* die oft mit Dampferzeugung gekoppelt ist, wurden unter Berücksichtigung der Müllzusammensetzung (z. B. Großstadtmüll, Kleinstadtmüll, Sommermüll, Wintermüll) verschiedene Rostkonstruktionen erprobt. Von den Firmen DÜRRWERKE und VEREINIGTE KESSELWERKE wurde z. B. der *Walzenrost* entwickelt.

Bis zu sieben einzelne *Rostwalzen* (1,5 m ⌀, 3 m breit mit entspr. Roststäben) sind hintereinander und mit einer Neigung von 30° schräg untereinander angeordnet. Der Müll gleitet von der jeweils oberen Walze in den Raum zwischen dieser und der folgenden unteren Walze. Die untere Walze erfaßt ihn hier und transportiert ihn weiter. Es erfolgt eine bei Müll besonders wichtige, intensive Umschichtung ohne freien Fall, der hohe Staubanteile im Rauchgas zur Folge haben würde. Luft wird für jede Walze einzeln in das sie umgebende Blechgehäuse von der Seite her zugeführt. Um günstige Verhältnisse für die drei nacheinander ablaufenden Vorgänge *Trocknen — Zünden — Ausbrennen* zu erzielen, lassen sich für jede Walze einzeln Umlaufgeschwindigkeit und zugeführte Luftmenge regeln. Der *Rostdurchfall* gelangt in die Hohlwelle und wird durch Schnecken seitlich ausgetragen. Durch die in Abhängigkeit vom jeweiligen Heizwert des Mülls geregelte Vorwärmung der Verbrennungsluft und durch ein automatisch schaltendes *Stützfeuer* (Ölfeuerung) wird eine Rauchgasaustrittstemperatur von 1000 °C gewährleistet, so daß die mit Rücksicht auf Geruchsbelästigung erforderliche Mindesttemperatur von 900 °C auf keinen Fall unterschritten wird.

8.2.5. Entaschen, Abschlacken. Das Entfernen von *Asche* und *Schlacke* geschieht je nach Größe und Bauart der Feuerung auf verschiedene Weise. Die Asche fällt meist von selbst durch die Roststäbe und kann ohne Beeinträchtigung der Feuerung entfernt werden. Das *Abschlacken* muß bei handbeschickten Planrosten bei offener Feuertür erfolgen und bedeutet *einen gewaltsamen Eingriff in die Feuerführung;* es muß so schnell wie möglich durchgeführt werden. Bei mechanischen Rosten erfolgt meist automatisch ein Transport der Schlacke an das Rostende und ggf. erforderliche Eingriffe werden durch verhältnismäßig kleine Öffnungen durchgeführt ohne das Feuer sonderlich zu beeinflussen. Die am Rostende abgeworfene Schlacke wird, soweit erforderlich, zerkleinert. Sie wird dann über *Wasserverschluß mit Kratzerkette oder Stößel,* wie in Bild 8.4 dargestellt, ausgetragen und mit Wagen, über Förderbänder oder durch Spülung zum Lagerplatz befördert. Die Asche wird in der gleichen Art entfernt, sie kann aber auch pneumatisch abgesaugt werden. Aus den Rauchgaszügen wird die Asche in entsprechender Weise entfernt. Anbacken und Ansintern von Flugasche im Feuerraum (Temperatur über *Ascheerweichungspunkt*) muß durch geeignete Feuerraumgestaltung und Feuerführung verhindert werden.

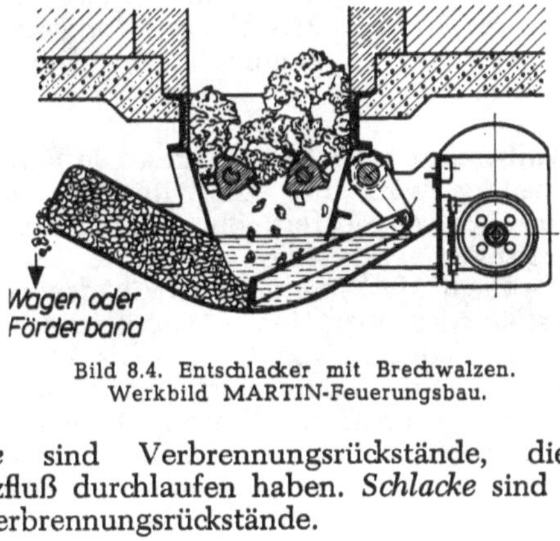

Bild 8.4. Entschlacker mit Brechwalzen. Werkbild MARTIN-Feuerungsbau.

Asche sind Verbrennungsrückstände, die keinen Schmelzfluß durchlaufen haben. *Schlacke* sind geschmolzene Verbrennungsrückstände.

8.3. Feuerungen für staubförmige Brennstoffe. Die Forderung nach Leistungssteigerung und Wirkungsgradverbesserung konnte für feste Brennstoffe nur erfüllt werden durch bessere Aufbereitung (staubförmig gemahlen mit vielfach vergrößerter Oberfläche) und intensivere Mischung mit Luft, um die Luftverhältniszahl zu senken. Trotz kleinster Teilchengröße ist eine unmittelbare Verbrennung nicht möglich, sondern wie bei jedem festen Brennstoff erfolgt die Reaktion an der Oberfläche des auf Zündtemperatur erwärmten Kohleteilchens, das zusammen mit der als *Trägerluft* wirkenden *Primärluft* in den Verbrennungsraum geblasen wird. Um die Reaktion zu beschleunigen und damit die Ausbrennzeit (Größe des Brennraumes) zu verringern, wird die *Senkundärluft* mit anderer Geschwindigkeit eingeblasen, so daß eine intensive Verwirbelung erfolgt.

Staubfeuerungen werden bei Dampfleistungen ab 50 t/h angewendet, bei über 80 t/h kommen nur noch Staubfeuerungen in Frage. Kessel mit Staubfeuerungen werden auch gleichzeitig für Feuerungen mit Öl oder Gas ausgerüstet. Meist sind diese Brennstoffe für *Teillasten* vorgesehen. Wenn volle Leistung mit allen Brennstoffen gefordert wird, werden *Mischbrenner* angeordnet, bei denen die gesamte Verbrennungsluft im Brenner selbst zugeführt wird.

8.3.1. Aufbereitung des Brennstoffes. Die Rohkohle für Staubbefeuerung wird mit einer Körnung von z. B. 0,05 mm bis 5 cm angeliefert. Bei den üblichen Zerkleinerungsvorgängen wird jedes zugeführte Korn in annähernd gleichem Maße zerkleinert. Für den aufbereiteten Brennstoff wird aber eine Körnung innerhalb einer Zehnerpotenz, also z. B. von 0,1 mm bis 1,0 mm Korngröße gefordert. Sehr feines Korn ergibt kurze Brenndauer mit hohen örtlichen Temperaturspitzen; grobes Korn ergibt langsame Verbrennung und erfordert große Brennräume. Die *Aufbereitung* umfaßt unter Berücksichtigung der unterschiedlichen Brennstoffeuchtigkeit dementsprechend die Vorgänge *Mahlung-Trocknung-Sichtung*, die verfahrensmäßig ineinander übergehen.

Der Sichter hat die Aufgabe, aus dem gemahlenen Staub das *Grobkorn (Kohlengrieß)* durch mehrfache Umlenkung des Staubstromes (Prallwirkung) oder nach dem Fliehkraftprinzip abzuschneiden, so daß nur Staub der geforderten Zusammensetzung dem Brenner zugeleitet wird. Der abgeschiedene Kohlengrieß wird unmittelbar wieder in den Mahlvorgang eingeschleust. *Mühle* und *Sichter* sind meist eine bauliche Einheit.

Das zur *dynamischen Förderung* und zur Trocknung des Brennstoffes erforderliche erhitzte Gas (Luft, Rauchgas oder Gemisch) mit Temperaturen von 300 °C bis 450 °C wird entweder von der Mühle mit angesaugt *(Eigenbelüftung)* oder besondere Ventilatoren drücken das Gas in die Mühle oder saugen das Gas-Staubgemisch ab *(Fremdbelüftung)*. Bei sehr nassen Brennstoffen werden Rauchgase mit Temperaturen bis 1000 °C verwendet.

Die *Mahlfeinheit* der Kohle wird im allgemeinen angegeben als % *Rückstand auf dem Prüfsiebgewebe* 0,09 DIN 4188 (4680 Maschen/cm^2). Er beträgt üblicherweise 10 % bis 25 % für Steinkohle und 30 % bis 40 % für Braunkohle. Mit steigendem Gehalt an flüchtigen Bestandteilen ist eine gröbere Ausmahlung bei gleichbleibender Verbrennungsgüte zulässig. Bei Braunkohle wird die Sichtung vereinfacht, weil im Sichter im wesentlichen die schweren Sandbestandteile abgeschieden werden und die Mühle mehrmals durchlaufen müßten bis die erforderliche Mahlfeinheit erreicht ist. Das ergäbe nur unnötigen Verschleiß der Mühlen und keinen Vorteil bei der Verbrennung, allenfalls geringeren Verschleiß der unmittelbar betroffenen Kesselrohre. Die für das Mahlen der Kohle eingesetzten Mühlen arbeiten nach verschiedenen Prinzipien, wie z. B. in den Bildern 8.6 bis 8.8 dargestellt. Ein Maß für die *„Mahlbarkeit"* einer Kohle ist die durch eine *Vergleichsmahlung* unter festgelegten Be-

Fortsetzung Seite 82

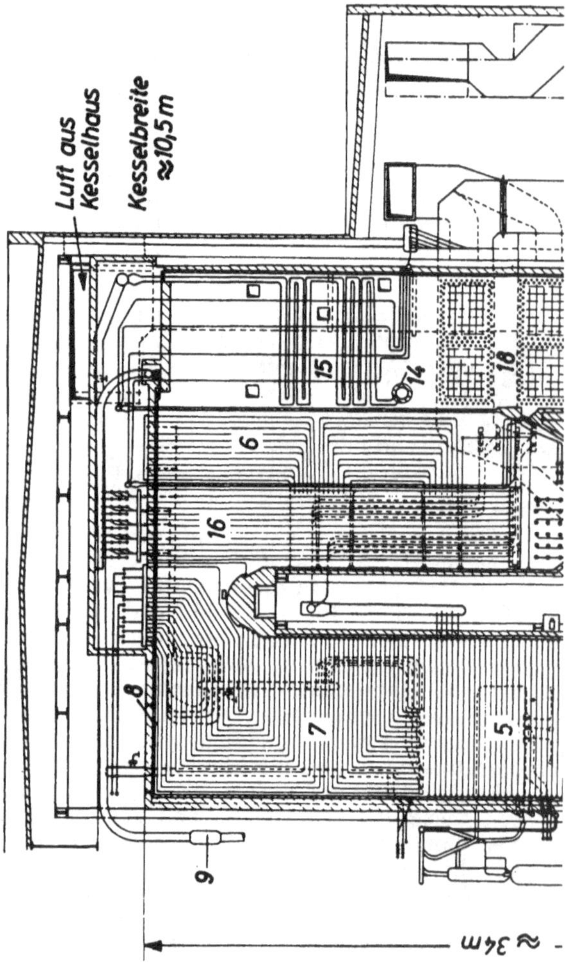
Luft aus Kesselhaus
Kesselbreite ≈10,5 m
15
14
18
6
16
7
5
8
9
≈ 34m

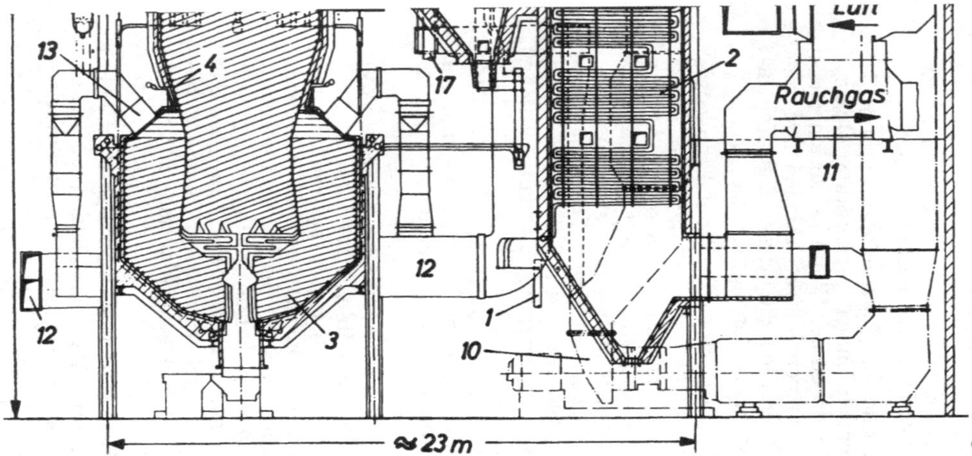

Bild 8.5. Benson-Kessel für $D' = 310$ t/h mit Wirbelschmelzkammer für Steinkohle. 209 at, 530 °C mit Zwischenüberhitzer auf 530 °C. BORSIG Aktiengesellschaft Berlin-Tegel.
1 Speisewassereintritt, 2 Wasservorwärmer, 3 Schmelzkammer, 4 Diffusor, 5, 6, 7, 8 Strahlungsüberhitzer I, II, III, IV, 9 Heißdampfaustritt, 10 Frischluftgebläse, 11 Ljungström-Luftvorwärmer, 12 Luftkanal, 13 Kohlenstaubbrenner, 14 Zwischenüberhitzer-Dampfeintritt, 15/16 Zwischendampf-Berührungsüberhtizer/-Schottüberhitzer, 17 Zwischenüberhitzer-Dampfaustritt, 18 Röhren-Luftvorwärmer.

dingungen ermittelte *Hardgrove-Zahl.* Sie gibt einen Anhalt für den Mahlaufwand und die geeignete Mühle.

Schwerkraftmühlen sind als *Kugelmühlen* bekannt. In einem langsam drehenden, innen gepanzerten *Mahlzylinder* werden *lose Kugeln* an der Wand bis zu einer bestimmten Höhe mitgenommen und zerschlagen und zerquetschen beim Herunterfallen die Kohle. Der Kohlenstaub wird durch strömendes Gas ausgetragen.

Federkraftmühlen haben einen horizontal angeordneten, sich drehenden *Mahlteller* und geführte *Mahlwalzen* oder *Mahlkugeln,* die durch Federkraft an den Mahlteller bzw. auf das zu mahlende Gut gepreßt werden. Rohkohle wird auf den Mahlteller aufgegeben und zwischen Teller und Walzen zerkleinert. Die feingemahlene Kohle fällt über den Rand des Tellers auf einen *Düsenkranz,* aus dem vorgewärmtes Gas zur Sichtung und Trocknung strömt. Der Durchsatz beträgt bis 64 t/h Steinkohle bei einem Energiebedarf von rd. 10 kWh/t Kohle. Für diese Mühlen sind auch die Bezeichnungen *Walzenmühle* oder *Schüsselmühle* (Mahlteller = Schüssel) üblich.

Schlagrad- und *Schlägermühlen* arbeiten nach dem dynamischen Prinzip. Schlagradmühlen haben ein fliegend gelagertes, einseitig offenes Rad mit auswechselbaren *Schlagplatten* am Umfang. Rohkohle wird im Gasstrom axial zugeführt und durch die mit bis 80 m/s umlaufenden Schlagplatten zerkleinert. Das Schlagrad ist von einem *gepanzerten Spiralgehäuse* umgeben, aus dem das Mahlgut zum Sichter geleitet wird. Der Durchsatz beträgt bis 60 (100) t/h bei Braunkohle und 30 t/h bei Steinkohle.

Schlägermühlen haben eine zweifach gelagerte Welle mit mehreren Reihen Augen nebeneinander, an denen einzeln die *Schlägerarme mit auswechselbaren Schlägerköpfen* angelenkt sind. Rohkohle wird tangential von oben aufgegeben und durch die mit bis 80 m/s umlaufenden Schlägerköpfe zerkleinert. Die Schlägeranordnung

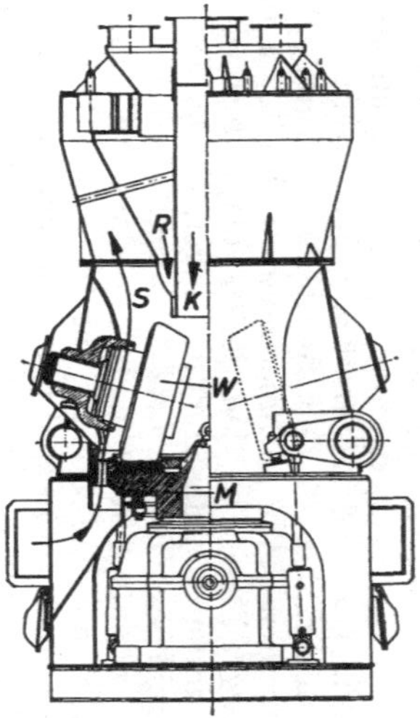

Bild 8.6. LOESCHE-Walzenmühle.
M Mahlteller mit Antrieb
W Schwenkbare Walzen

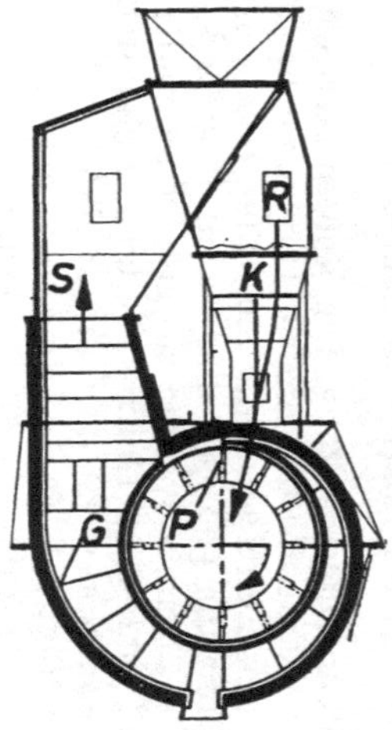

Bild 8.7. KSG-Schlagradmühle.
P Auswechselbare Schlagplatten
G Spiralgehäuse mit Panzerung

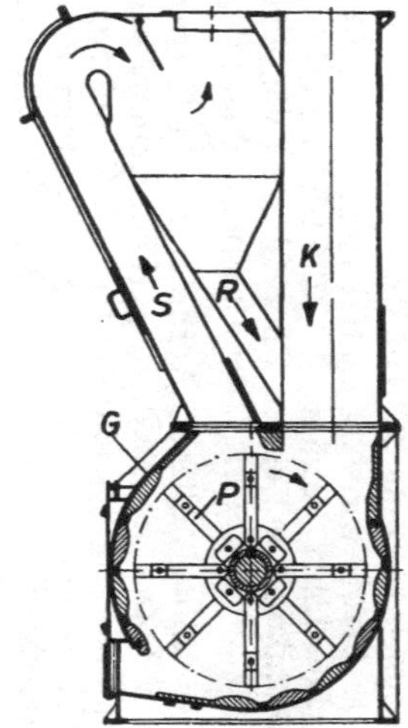

Bild 8.8. GS-Schlägermühle.
P Schläger mit Schlagköpfen
G Gehäuse mit Panzerung

K Kohlenzuführung, S Staubgemisch zum Filter, R Grießrückführung.

wird so getroffen, daß im wesentlichen Schlagarbeit erfolgt und möglichst wenig Schleifarbeit im Sumpf des Gehäuses. Der Staub wird tangential nach oben ausgetragen. Der Durchsatz beträgt 60 (100) t/h Braunkohle oder 50 t/h Steinkohle bei einem Energiebedarf von 6 bis 8 kWh/t Steinkohle und 4 bis 5 kWh/t Braunkohle.

Anstelle der früher üblichen Aufbereitung in *Zentralmahlanlagen mit Zwischenbunkerung* (Feuergefahr) werden heute *Einblasemühlen* unmittelbar am Kessel angeordnet. Die Zuordnung von Mühlen zu einzelnen Brennern ist unterschiedlich. Bei großen Kesseln will man nicht über 8 (6) Mühlen anordnen, sofern sie mit ausreichender Leistung zur Verfügung stehen. Mindestens eine Mühle muß als Reserve vorhanden sein.

8.3.2. Brennraumgestaltung. Der Kohlenstaub wird zusammen mit *Trägerluft* (Primärluft, dynamische Förderung) von den Ecken aus, von den Seiten oder von oben in den Brennraum geblasen und Zweitluft gesondert zugeführt. Die Brenner werden so angeordnet und ausgerichtet, daß eine gute Durchwirbelung erfolgt und sich *eine im Brennraum stehende Flamme bildet.* Luftverhältniszahl λ beträgt 1,1 bis 1,15 bei Feuerraumbelastungen von 100 000 kcal/m^3 h bis 300 000 kcal/m^3 h.

Schwierigkeiten beim Abführen von Asche, Flugasche und Flugkoks, sowie Forderungen hinsichtlich Reinhaltung der Luft führten zur Entwicklung der *Schmelzfeuerungen,* d. h. Abzug des nicht Brennbaren im flüssigen Zustand. Während bei *trockener Entaschung* 80 % der festen Rückstände mit dem Rauchgas zum Entstauber gelangen, werden bei der Schmelzfeuerung bis 90 % *flüssig abgezogen.* Dabei werden die in den Filtern abgeschiedenen festen Rauchgasbeimengungen wieder in den Kessel eingeblasen *(Flugascherückführung).* Unverbranntes gibt es praktisch nicht mehr. Die flüssige Schlacke wird in ein Wasserbad geleitet und *granuliert.* Das Granulat beansprucht geringen Lagerraum und wird in der Baustoffindustrie verwendet. Schmelzfeuerungen werden sowohl für Steinkohle als auch für Braunkohle gebaut. Besonders bei ballastreichen Brennstoffen und bei besonderen Forderungen hinsichtlich Reinhaltung der Luft fallen die Vorteile ins Gewicht. Weiterhin nehmen heute die Überhitzerheizflächen bis 50 % der Erzeugungswärme auf und müssen damit immer mehr in Gebieten hoher Rauchgastemperatur angeordnet werden. Das setzt aber voraus, daß die Rauchgase möglichst frei von Beimengungen sind, die sonst zu Ablagerungen führen würden.

Um die zum *Schmelzen der Schlacke* notwendige Temperatur zu erreichen und die Verhältnisse auch bei Teillasten beherrschen zu können, ging die Entwicklung von einer *trichterförmigen Ausbildung des unteren Teiles des Feuerraumes (Schmelztrichter)* über die durch Einschnürung oder halsartig eingeführte Rohrwände vom eigentlichen Strahlungsraum getrennte *Schmelzkammer zur Zyklonfeuerung*. Die Wände der Verbrennungszone bestehen aus Rohrsystemen, die an den Kesselwasserkreislauf angeschlossen sind. Auf die Rohre werden *feuerraumseitig Stahlstifte* von etwa 10 mm ϕ und 20 mm bis

Bild 8.9. „Bestiften" der Rohre eines Feuerraumes. Werkbild BORSIG Aktiengesellschaft.

25 mm Länge *aufgeschweißt* (Widerstandpreßschweißen, vgl. Bild 8.9) und die so vorbereitete Rohrwand vollkommen feuerfest abgekleidet (Stampfmasse).

Die Kühlung des Brennraumes (Wärmeableitung) regelt sich in gewissem Umfange selbsttätig. Bei hoher Belastung verbleibt auf der Auskleidung nur eine verhältnismäßig dünne Schlackenschicht und der Wärmeleitwiderstand ist so gering, daß die anfallende Wärmemenge ohne Wärmestau abgeleitet werden kann. Bei geringer Belastung verbleibt auf der Auskleidung eine dikkere Schlackenschicht und durch den erhöhten Wärmeleitwiderstand wird nur so viel Wärme abgeführt, daß im Brennraum die Temperatur in erforderlicher Höhe gehalten werden kann, der *Schlackenfluß also nicht einfrieren wird.* Dazu muß auch der Schlackenabfluß so liegen, daß er ständig beheizt wird, und der Schlackenschmelzpunkt (Aschenfließpunkt) soll $\leqq$ 1500 °C sein. Die Kesselanlage muß eine Dampfleistung von mindestens 50 t/h haben und Teillasten unter 20 % dürfen nicht gefahren werden.

Schmelzfeuerungen werden entsprechend Bild 8.10 unterschiedlich ausgebildet. Die Wärmebelastung beträgt bis $0{,}75 \cdot 10^6$ kcal/m³ h. Am Übergang zum eigentlichen Strahlungsraum ist ein *Fangrost* mit ausreichenden Spaltweiten oder eine schottenähnliche Rohranordnung, die an

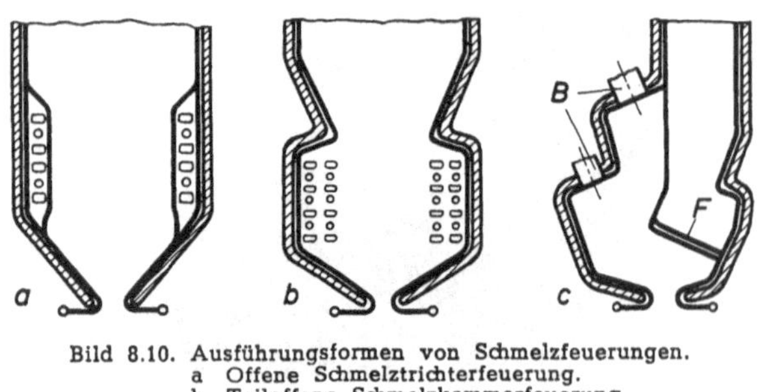

Bild 8.10. Ausführungsformen von Schmelzfeuerungen.
a Offene Schmelztrichterfeuerung.
b Teiloffene Schmelzkammerfeuerung.
c Geschlossene Stufenschmelzkammerfeuerung mit Brenner B und Fangrost F.

Bild 8.11. Schmelzkammer, bestiftet zum Auskleiden.
B Brennerspiegel (Luft- und Staubaustrittsöffnungen).
F Fangrost. Werkbild BORSIG Aktiengesellschaft.

den Kesselwasserkreislauf angeschlossen werden, eingebaut. Sie bewirkt *Vergleichmäßigung des Rauchgasstromes* und Abkühlung der Rauchgase um bis 100 grd und soll damit verhindern, daß die noch im Rauchgas befindlichen Beimengungen *im teigigen Zustand* in den Strahlungsraum gelangen und dort *an den Rohren festkleben*, vgl. Bild 8.10. Eine Schmelzkammer mit hineinragendem *Diffusor* zeigt der in Bild 8.5 dargestellte Bensonkessel. Auch bei diesem Kessel wirkt der als Strömungsgitter ausgebildete Schlackenfangrost als Gleichrichter für den Rauchgasstrom, um *Strähnenbildung* und damit ungleiche Temperaturen in der Überhitzerheizfläche zu verhindern. Die auf der kegelförmigen Decke der Schmelzkammer angeordneten Brenner blasen tangential so, daß eine möglichst lange Flamme entsteht und alle Staubteilchen voll ausbrennen — *Wirbelschmelzkammer.*

Zyklonfeuerungen wie z. B. nach Bild 8.12 stellen höchstbelastete, an den Kesselkörper angebaute und wasserseitig angeschlossene zylindrische Brennräume dar. Die Brennraumwärmebelastung beträgt (2 bis 4) · 10^6 kcal/m^3 h. Kohle wird im Gasstrom axial oder tangential mit v = 20 m/s bis 25 m/s und Luft mit v bis 150 m/s unter hoher Pressung (600 mm WS bis 800 mm WS) tangential zugeführt. Luftverhältniszahl λ beträgt 1,07 bis 1,1. Es entsteht eine lange spiralförmige, kräftig durchwirbelte Flamme mit guter Verbrennung (Zyklontemperatur

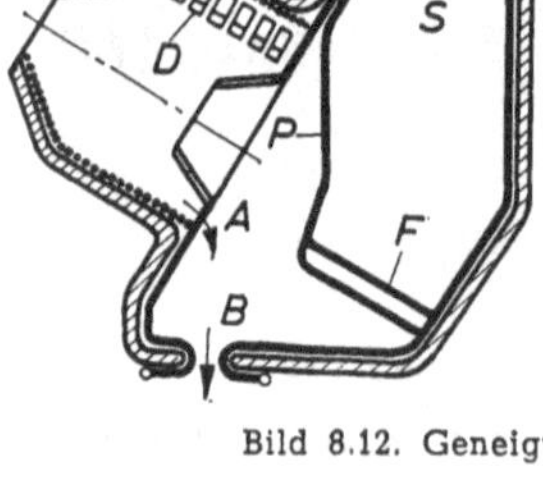

A, B Ablauf der Schlacke

D Düsen für Luft (oben) und Kohle (unten)

P Prallwand

F Fangrost

S Strahlungsraum

Bild 8.12. Geneigt eingebaute Zyklon-Feuerung.

1650 °C bis 1800 °C). Die Anforderungen an die Kohle sind geringer, der Rückstand darf 28 % auf dem 900- und 55 % auf dem 4500-Maschen-Sieb betragen.

Körnungen bis 5 mm sind zulässig. Durch die Zentrifugalwirkung werden größere, noch nicht voll ausgebrannte Kohleteilchen an die Kammerwand geschleudert und brennen aus. Da auch die Schlackenteilchen an die Wand geschleudert werden, ergibt sich ein sehr guter Einbindegrad. Öl oder Gas können im Zyklon ebenfalls verfeuert werden. Aus der besonders ausgebildeten Mündung des Zyklons strömen die Rauchgase (v bis 180 m/s) vorerst in die wie eine Schmelzkammer ausgekleidete *Zwischenkammer mit Prallwand* zum vollständigen Ausbrand und weiterer Abscheidung von Schlacke und dann über den Fangrost in den Strahlungsraum. Die Temperatur vor dem Fangrost beträgt rd. 1500 °C. Die Schlacke läuft aus dem Zyklon bei stetiger Flammenbeaufschlagung in die Zwischenkammer und wird von dort abgezogen. Zyklone werden waagerecht oder etwas geneigt angeordnet, senkrechte Anordnung ist selten.

8.4. Feuerungen für flüssige Brennstoffe. Bei steigender Erdölförderung wurden auch Dampfkessel in zunehmendem Maße, besonders in Gebieten ohne eigene Kohlevorkommen oder mit schlechten Verkehrsverbindungen, mit *Ölfeuerung* ausgerüstet. Von den Heizölen nach DIN 51 603 kommen hauptsächlich in Frage die Sorte EL (extra leichtflüssig), die einen Schwefelgehalt $\leqq$ 1 % hat und ohne *Vorwärmung* unmittelbar verbrannt wird, und die Sorte S (schwerflüssig) mit einem Schwefelgehalt $\leqq$ 3,8 %, die *zur Förderung und zur Verbrennung jeweils auf entsprechend hohe Temperaturen erwärmt werden muß*. Eine *Viskosität* von 2 bis 3 Englergraden, entsprechend einer kinematischen Viskosität ν = 12 cSt bis 21 cSt, muß zur Gewährleistung einwandfreier *Zerstäubung und Verbrennung* vorhanden sein. Vorwärmen der Verbrennungsluft erfolgt vor allem bei großen Kesseln, um beste Verbrennung und hohe Flammentemperaturen zu erzielen. Die *Feuerraumwärmebelastungen* betragen bis 300 000 kcal/m³ h und bis 10^6 kcal/m³ h bei Strahlungsräumen.

Entsprechend dem *Schwefelgehalt* des Brennstoffes und dem jeweiligen *Luftüberschuß* besteht Gefahr, daß der *Säuretaupunkt* unterschritten wird (vgl. Teil I, Nr. 2.11) und es zu erheblichen *Schwefelsäurekorrisionen* der Heizflächen kommt. Dabei ist nicht so sehr die Temperatur der Rauchgase, sondern die Temperatur der Heizflächen maßgebend. Soweit irgend möglich wird die *Speisewassertemperatur*, notfalls über Dampfvorwärmer oder durch Kesselwasserrückführung, *so angehoben, daß sie bei allen Betriebsbedingungen oberhalb des Säuretaupunktes liegt.* Dabei darf nicht übersehen werden, daß die Rauchgase auf ihrem weiteren Weg doch noch mit Wandungen entsprechend tiefer Temperatur in Berührung kommen können. Diese Stellen, die dann aber keine drucktragenden Kesselwandungen sind, müssen in geeigneter Weise geschützt oder leicht auswechselbar ausgeführt werden. Maßnahmen auf anderer Basis (Additive im Heizöl, Einblasen von Dolomit in den Rauchgasstrom, Zugabe von Ammoniak) haben nur bedingt Erfolg. Über die verschiedenen Einflußgrößen auf die Höhe des Säuretau-

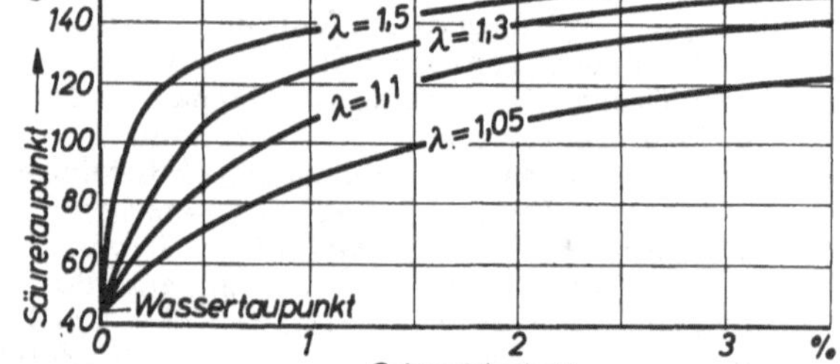

Bild 8.13. Säuretaupunkt in Abhängigkeit von Schwefelgehalt und Luftverhältniszahl.

punktes liegen heute entsprechende Kennwerte vor. Die Angaben in Bild 8.13 zeigen die Abhängigkeit des Säurepunktes von Schwefelgehalt und Luftverhältniszahl nur schematisch. Für die Effektivwerte einer bestimmten Kesselanlage spielen noch weitere Einflußgrößen (Anteil des in SO_3 umgesetzten SO_2, Wasserdampfgehalt der Rauchgase, katalytische Wirkung von Belägen) eine Rolle. *Hochtemperaturkorrosion* durch Ablagerungen von *Natrium-Vanadium-Verbindungen* oder dem sehr aggresiven *Vanadium-Pentoxid* können beim Verfeuern von Heizöl S bei Wandtemperaturen über 540 °C, also nur an den Überhitzerendstufen und in den Überhitzeraufhängungen von Kesseln entsprechender Auslegung, auftreten.

Für das intensive Mischen des Brennstoffes mit der Luft liegen bei flüssigen Brennstoffen die Verhältnisse günstiger als bei festen Brennstoffen. Um eine möglichst feine *Zerstäubung* des Brennstoffes und innige Mischung mit Luft zu erzielen, werden verschiedene Verfahren angewendet, die je nach Brennstoffart und -durchsatz Vorteile bieten. *Die Flamme schwebt wie bei den Staubfeuerungen im Verbrennungsraum. Die Brenner müssen auf den Feuerraum so abgestimmt werden, daß alle Ölteilchen vergast und verbrannt sind, ehe sie mit den verhältnismäßig kälteren Feuerraumwänden in Berührung kommen können.* Bild 8.14 zeigt z. B. einen mit *Druckzerstäuber-Brenner* ausgerüsteten Wasserrohrkessel in Vierzug-Bauweise. Mit der Rauchgasklappe, Teil 11, kann durch Herstellen einer gewissen Kurzschlußverbindung für die Rauchgase die Beaufschlagung des Speisewasser- und des Luftvorwärmers geregelt werden. Je nach der Belastung des Kessels ist damit eine Beeinflussung der Verbrennungsluft- und der Speisewassertemperatur möglich. Um Tieftemperaturkorrosion an den Rohren des Rauchgas-Speisewasservorwärmers zu verhindern, wird das Speisewasser erst durch ein *im Wasserraum der Trommel angeordnetes Rohrsystem, Teil 10, geleitet und die Speisewassertemperatur über den Säuretaupunkt angehoben.*

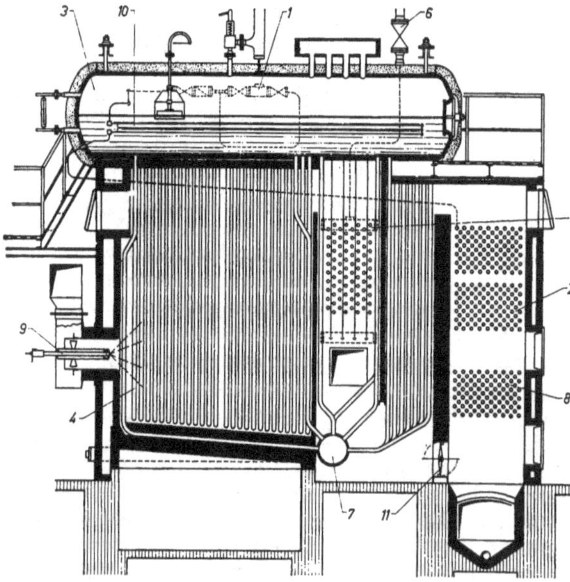

Bild 8.14. DÜRR-Wasserrohrkessel mit Ölfeuerung.
$D = 4000$ kg/h, $p = 28$ at, $t_{ü} = 375$ °C.

1 Speisewassereintritt
2 Rauchgas-Speisewasservorwärmer
3 Kesseltrommel
4 Verdampfungs-Heizfläche (Strahlungsraum)
5 Berührungs-Überhitzer
6 Dampf-Absperrventil
7 Untertrommel
8 Lufterhitzer
9 Ölbrenner m-Luftkanal
10 Speisewasser-Vorwärmung
11 Rauchgasklappe

Beim *Druckzerstäuberbrenner* wird in die mit geringem Druck zugeführte Luft der Brennstoff durch eine Düse unter Druck (bis 25 at) eingespritzt und durch geeignete konstruktive Maßnahmen eine innige Verwirbelung erzielt. *Brennstoffdruck, Düsenbohrung, Zerstäubungswinkel und die Luftzuführung sind so abgestimmt, daß eine möglichst vollkommene Verbrennung erreicht wird und die Flamme nicht schädigend auf die Kesselwandung ein-*

wirken kann. Wenn bei größeren Brennern die Zerstäubung des Öles durch *Dampfeinblasung* erfolgt, ergibt die Expansion des Dampfes beim Austritt aus der Düse eine so gute Zerstäubung des Öles, daß bei zweckmäßiger Luftzuführung auch geringe Teillasten gefahren werden können und unter bestimmten Voraussetzungen eine Luftverhältniszahl $\lambda = 1{,}05$ erreicht wird. Bei O_2-Gehalten der Rauchgase bis herab zu 0,1 Vol.-% (0,4 Vol.-% bis 0,6 Vol.-% bei schnellen Laständerungen) ergibt sich einerseits ein besserer Wirkungsgrad und zum anderen fehlen die Voraussetzungen sowohl für Tieftemperaturkorrosion (Säuretaupunkt liegt tief, Korrosion erst bei hoher Filmbildungsgeschwindigkeit) als auch für Hochtemperaturkorrosion.

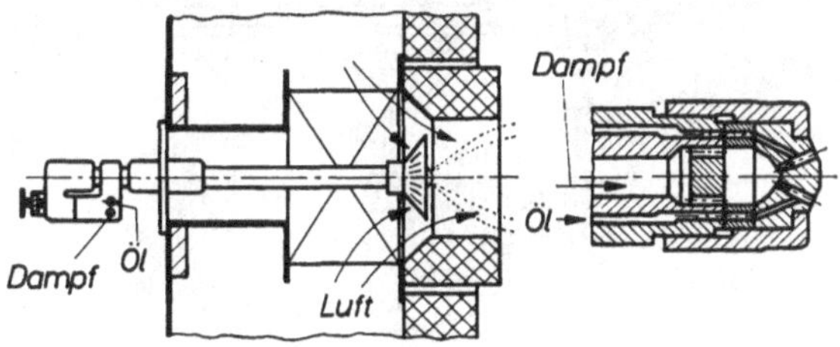

Bild 8.15. BABCOCK-Y-Zerstäuberbrenner mit Dampfeinblasung. Einbau in den Luftkanal und Zerstäuberdüse.

Beim *Drehzerstäuber-Brenner (Fliehkraftzerstäuber-Brenner)* fließt das Öl durch natürliches Gefälle oder unter geringem Pumpendruck im Brenner auf einen umlaufenden, kegelförmigen *Zerstäuberbecher*, von dessen äußerster Kante es mit hoher Geschwindigkeit *abgeschleudert wird (scheibenförmiger Brennstoffilm).* Die unmittelbar am Zerstäuber axial (mit Drall) austretende *Zerstäubungsluft* erfaßt den Brennstoff, verwirbelt ihn und es bildet sich ein *kegelförmiger Brennstoff-Luft-Körper,* dem dann die erforderliche Verbrennungsluft (noch rd. 80 %) zugeführt wird. Mit Drehzerstäuberbrennern können auch Öle mit höherer Viskosität (60 cSt entspr. 8 E) zerstäubt werden, da der Zerstäuberbecher unter unmittelbarer Einwirkung der Flammstrahlung steht.

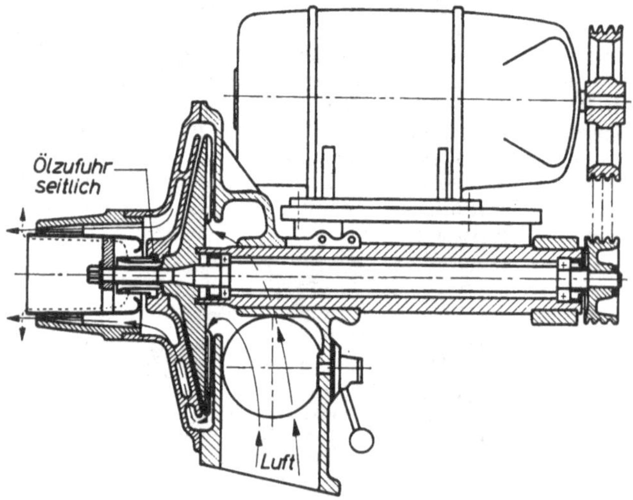

Bild 8.16. SAACKE-Drehzerstäuber-Brenner mit Zerstäuberluft-Gebläse.

Für Brenner kleiner Leistung, besonders bei vollautomatischen Anlagen, ist nur die *Ein-Aus-Regelung* möglich. Die Auswirkung des schlagartigen Zu- und Abschaltens der gesamten Feuerungsleistung auf den Kesselkörper ist zu beachten. Sobald es der Öldurchsatz zuläßt, wird mindestens die *Zweistufen-Regelung* angewendet. Dabei ist der Durchsatz der *Grundlastdüse* nach den jeweiligen Betriebsbedingungen festzulegen, um vollkommenes Abschalten der Feuerung möglichst zu vermeiden. Bei *Zweidüsenbrennern* kann durch wahlweises Schalten der Düsen auch eine *Dreistufen-Regelung* erzielt werden. Brenner größerer Leistung sind mit *Stetigregelung* ausgerüstet, sofern nicht bei großen Kesseln mit mehreren Brennern ein besonderes *Regelprogramm* gefahren wird.

Die Ölfeuerung ermöglichte die Entwicklung *automatisch geregelter Kessel* auf breiter Basis so weit, daß Kessel mit begrenztem Energiegehalt (Druckliterprodukt s. Nr. 1.2) unter bestimmten Voraussetzungen *ohne ständig unmittelbare Beaufsichtigung* betrieben werden dürfen.

Die bestehenden Sicherheitsvorschriften und -maßnahmen sollen im wesentlichen verhindern, daß Öl in den Brennraum gelangt, ohne unmittelbar gezündet zu werden, und daß sich unverbrannte Gase an irgend einer Stelle der Rauchgaswege ansammeln und es beim Belüften der Züge nach dem Abschalten oder vor dem Wiederanlauf des Brenners zu Verpuffungen oder Explosionen kommt. Entsprechende Sicherheitstechnische Richtlinien sind vom DDA aufgestellt und veröffentlicht worden [29].

8.5 Feuerungen für gasförmige Brennstoffe. Infolge der bestmöglichen Aufbereitung des Brennstoffes sind *Gasfeuerungen* verhältnismäßig einfach. Die Brenner haben die Aufgabe, die beiden unter Druck zugeführten Komponenten *Brenngas und Luft* zu dosieren und eine innige Mischung im Brennraum zu gewährleisten. Wegen der hohen *Zündgeschwindigkeit* darf die Zündung des Gas-Luft-Gemisches erst außerhalb des Brenners erfolgen, um ein Zurückschlagen der Flamme oder zu intensive Erwärmung des Brenners zu verhindern. Gas und Luft werden deshalb auch getrennt zugeführt (Teilströme um bessere Mischung zu erzielen) und erst außerhalb des Brenner *in der Brennermuffel vereinigt und gezündet.* Wegen der viel ausgedehnteren *Zündgrenzen* sind die Sicherheitsmaßnahmen, *die verhindern, daß Gas in den Brennraum gelangt ohne gezündet zu werden,* noch weitgehender als bei Ölfeuerungen (*Gas- und Luftmangelsicherung* auch bei Handbetrieb). Entsprechende Sicherheitstechnische Richtlinien sind vom DDA aufgestellt und veröffentlicht worden [30].

8.6. Sonderfeuerungen. *Feuerungen für Holzspäne und -staub (Schleifstaub)* haben eine *Haltefeuerung* (Kohle, Öl, Gas) und *Rückschlagsicherungen* in der Brennstoffzuführungsleitung, um das Ansammeln von *Schwelgasen* und bei Verpuffungen das *Rückzünden* in die Brennstoffvorräte zu verhindern. Entsprechende Sicherheitstechnische Vorschriften, die auch die besonderen Gefahren bei der Lagerung von Schleifstaub berücksichtigen, sind vom Bayerischen Staatsministerium für Arbeit u. Soziale Fürsorge aufgestellt worden und sollen allgemein übernommen werden.

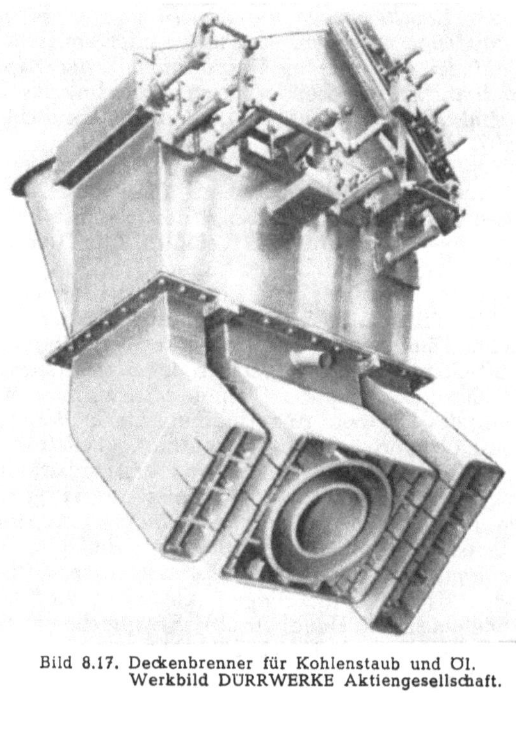

Bild 8.17. Deckenbrenner für Kohlenstaub und Öl.
Werkbild DÜRRWERKE Aktiengesellschaft.

Auch *Feuerungen für Müllverbrennung* (Müllveraschung) haben Haltefeuerungen (Stützfeuerung), um bei der sehr unterschiedlichen Zusammensetzung und dem schwankenden Heizwert auf alle Fälle die zur restlosen Verbrennung (Wirtschaftlichkeit, Reinhaltung der Luft) erforderliche Temperatur zu halten.

In zunehmendem Maße werden *Feuerungen für mehrere Brennstoffe* ausgelegt, teils für Gemischtbetrieb (Teillastregelung, Verwertung vorhandener Brennstoffe, Lieferverträge) oder für Vollastbetrieb mit jedem Brennstoff (Frage der Brennstoffversorgung). Bei Rostfeuerungen kommen Öl- oder Gaszusatzfeuerungen nur für Lastspitzen in Frage weil der Rost stets mit einer Brennstoffschicht bedeckt sein und durch die Verbrennungsluft gekühlt werden muß, damit er nicht zerstört wird. Andernfalls käme ein Öl- oder Gasbetrieb nur nach entsprechendem Abdecken des Rostes für längere Zeit in Frage. Auch das ist nur eine Notlösung weil man im allgemeinen den Feuerraum allseitig kühlen wird.

9. Berechnung der Dampfkessel

Vor dem Bau eines Kessels sind umfangreiche Vorarbeiten erforderlich, die sich auf das Festlegen der Kesselbauart, die wärmetechnische und die festigkeitstechnische Nachrechnung erstrecken. Es ist nicht möglich, einen Kessel einfach „zu berechnen“, sondern es müssen verschiedene Entwürfe durchgearbeitet werden, um zu einer technisch und wirtschaftlich befriedigenden Lösung zu kommen. Die erforderlichen umfangreichen wärmetechnischen und festigkeitstechnischen Rechnungen sind heute für große Kessel nur noch mit *Rechenautomaten (elektronische Rechenanlagen)* zu bewältigen. Das trifft besonders zu für Berechnungen, bei denen es auf ein *Optimieren* (Herausfinden der günstigsten Lösung innerhalb gewisser Grenzen und nach verschiedenen Gesichtspunkten) ankommt.

9.1. Wärmetechnische Berechnung. Für einen bestimmten Entwurf sind im allgemeinen die Anforderungen hinsichtlich Dampfleistung (Dampferzeugung), Betriebsdruck und Betriebstemperatur bekannt. Um zunächst die Kesselbauart festlegen zu können sind neben der Dampferzeugung (t/h) und den Betriebsdaten (überkritischer Bereich) folgende Gesichtpunkte zu beachten:

Verwendung des Dampfes (Reinheit)

Belastungsdiagramm (Grundlast, Spitzenlast, Blockanlage, Kopplung Kraft-Wärme)

Brennstoffprogramm (Standort, Vorratshaltung, Liefervereinbarungen, Mischbetrieb, Schlackenverwertung)

Standort (Einschränkungen in Länge, Breite, Höhe, Reinhaltung der Luft, Wasserverhältnisse).

Hat man sich für eine Kesselbauart entschieden (ggf. müssen auch mehrere Lösungen durchgearbeitet werden) und einen Entwurf angefertigt, muß eine Nachrechnung der Wärmeübergangs- und Strömungsverhältnisse erfolgen entsprechend den Angaben in Bd. I. Nach den Ergebnissen müssen Änderungen und Verbesserungen durchgeführt werden bis eine befriedigende Lösung gefunden ist.

9.2. Festigkeitstechnische Berechnung. Nachdem der Kessel in thermodynamischer Hinsicht den Anforderungen genügt, müssen die konstruktiven Einzelheiten festgelegt und für die drucktragenden Teile die festigkeitstechnischen Rechnungen durchgeführt werden. Anforderungen an die Kesselbaustoffe und deren Verarbeitung, sowie die Berechnungsverfahren sind in den Dampfkesselbestimmungen festgelegt. Rechtsverbindliche Vorschriften (Dampfkesselverordnung), die dem Stand der Technik entsprechen, waren leider bis Sommer 1965 noch nicht veröffentlicht worden. Um diesen Übelstand zu überbrücken und zeitgemäße Kessel bauen zu können, gelangten die von DDA verabschiedeten Vorschriften über Werkstoff, Berechnung, Herstellung und Ausrüstung vorläufig über

Vereinbarungen zwischen dem Fachverband Dampfkessel-, Behälter- und Rohrleitungsbau, dem Fachverband Armaturen und der Vereinigung der Technischen Überwachungsvereine (VdTÜV) zur Anwendung, bis sie mit Inkrafttreten der Dampfkesselverordnung (1. 3. 1966) Rechtskraft erhielten.

9.2.1. Werkstoffe. Zum Bau von Dampfkesseln sind nur *warmfeste Werkstoffe* zugelassen. Für die seit langer Zeit erprobten Stähle liegen DIN-Normen vor, in denen chem. *Analyse, Festigkeitskennwerte* und *Lieferbedingungen* festgelegt sind. Für noch nicht in ausreichendem Umfang erprobte Werkstoffe, wie sie z. B. zum Bau von Hochtemperaturkesseln erforderlich sind, werden von der VdTÜV in Zusammenarbeit mit den Herstellern besondere Werkstoffblätter mit den entsprechenden Festlegungen aufgestellt. Stähle müssen hinsichtlich *Bruchdehnung, Kerbschlagzähigkeit* und ggf. *Schweißbarkeit* bestimmte Mindestanforderungen erfüllen, wie sie in den Kesselbestimmungen festgelegt sind. Für die im Kesselbau hauptsächlich verwendeten Werkstoffe sind folgende DIN-Normen verbindlich (jeweils in der neuesten Fassung):

DIN 17 155	Kesselbleche
DIN 17 175	Nahtlose Rohre aus warmfesten Stählen
DIN 17 240	Warmfeste Stähle für Schrauben und Muttern
DIN 17 245	Warmfester Stahlguß

Neben den Werkstoffen nach DIN-Normen und den von der VdTÜV aufgestellten Werkstoffblättern kommen gff. auch geeignete Werkstoffe nach den vom Verein Deutscher Eisenhüttenleute herausgegebenen *Stahl-Eisen-Werkstoffblätter* in Betracht.

9.2.2. Festigkeitskennwerte. Die Festigkeitstechnische Berechnung erfolgt nach den Regeln der Technik. Die Werkstoffbeanspruchungen müssen nach den Kesselbestimmungen *unter Einschluß eines bestimmten Sicher-*

heitsbeiwertes im elastischen Bereich bleiben. Als Festigkeitskennwert dient demgemäß bis 350 °C Wandtemperatur die *Warmstreckgrenze* $\sigma_{0,2/t}$. Dabei gilt einschränkend, daß bei unleg. Stählen max. 0,7 · σ_B und bei legierten Stählen max. 0,8 · σ_B als Festigkeitskennwert eingesetzt werden darf. Bei Temperaturen über 350 °C muß das *Kriechen* des Werkstoffes berücksichtigt werden. In diesem Bereich gilt jeweils der kleinere Wert der Warmstreckgrenze $\sigma_{0,2/t}$ und der *Zeitstandfestigkeit* $\sigma_{B/100000/t}$. Ein Sicherheitsbeiwert entsprechend 9.2.3 ist zu berücksichtigen. Beim Rechnen mit der Zeitstandfestigkeit muß wegen des steilen Abfalls der Kennwerte mit steigender Temperatur außerdem nachgeprüft werden, ob bei der Berechnungstemperatur die *0,1 %-Dehngrenze* und bei einer um 15 grd höheren Temperatur die Zeitstandfestigkeit nicht überschritten werden. Diese Prüfung ist erforderlich, weil in manchen Fällen das Einhalten der Wandtemperatur in engen Grenzen nicht gewährleistet ist.

Bild 9.1 zeigt für einige warmfeste Stähle den Verlauf der Festigkeitskennwerte $\sigma_{0,2}$ und $\sigma_{B/100000}$ in Abhängigkeit von der Temperatur. Es soll nur der charakteristische Verlauf gezeigt werden; verbindlich für die jeweiligen Werte ist immer die neueste Ausgabe des Norm- bzw. Werkstoffblattes. Die Werte für Kesselbleche im Bild 9.1 gelten sinngemäß auch für die betreffenden Rohrstähle. Bei den *Kohlenstoffstählen* und *niedrig legierten Stählen* ist im Bereich zwischen 400 °C und 500 °C deutlich der Beginn des Kriechens und der steile Abfall der Festigkeitskennwerte zu bemerken. Eine gänzlich anders geartete Charakteristik zeigt der *hochlegierte, austenitische Stahl,* der eine nur wenig geneigte Kennlinie besitzt. Seine Anwendung im Hochtemperaturbereich ist erforderlich; bei niedrigen Temperaturen wäre die Anwendung sinnlos, weil trotz erheblicher Werkstoffkosten nur geringe Festigkeitskennwerte vorhanden sind.

Mit zunehmendem Drücken und damit zunehmenden Temperaturen müssen für beheizte Wandungen zwangläufig Stähle mit höherer Warmfestigkeit eingesetzt werden, weil mit steigender Wanddicke auch die *Wärmespannungen* immer größer werden, so daß bestimmte Verhältnisse mit Stählen geringer Festigkeit überhaupt nicht mehr beherrscht werden können. Dabei ist weiterhin zu beachten, daß mit steigender Wanddicke auch die zulässige *Temperaturänderungsgeschwindigkeit* (bei Laständerungen) immer geringer wird weil sonst die zusätzlichen Wärmespannungen das zulässige Maß überschreiten. Für die verwendeten *Halbzeuge* müssen die Festigkeitskennwerte *durch an der Lieferung durchgeführte Prüfungen*

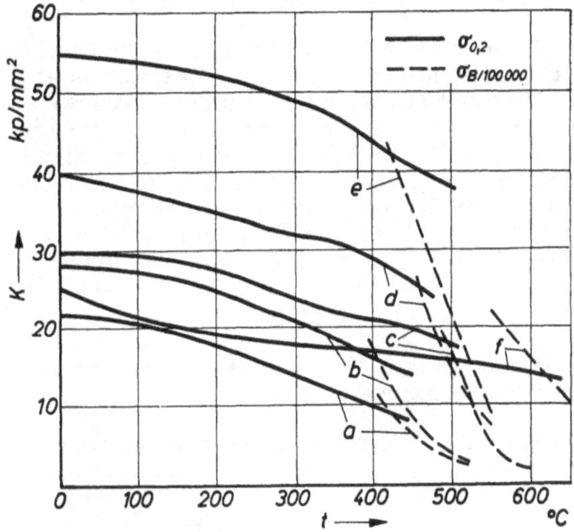

Bild 9.1. Festigkeitswerte verschiedener Kesselbaustähle in Abhängigkeit von der Temperatur.

a Kesselblech HI, DIN 17 155
b Kesselblech 17 Mn 4, DIN 17 155
c Kesselblech 13 CrMo 4 4, DIN 17 155
d Warmfester Stahlguß GS-20 MoV 8 4, DIN 17 245
e Warmfester Schraubenstahl 21 CrMoV 5 11, DIN 17 240
f Hochwarmfester austenitischer Stahl X 8 CrNiMoVNb 16 13

mit Abnahmezeugnis nach DIN 50 049 nachgewiesen werden. Bei ausreichend erprobten Stählen genügt Nachweis der Werte für 20 °C; bei nicht ausreichend erprobten Stählen ist zusätzlich die *Warmstreckgrenze bei der höchsten Anwendungstemperatur* nachzuweisen.

Beim Anwenden der Festigkeitskennwerte ist *die Temperatur in der Wandmitte als Berechnungstemperatur maßgebend.* In den Kesselbestimmungen ist festgelegt, wie hoch die Berechnungstemperatur in Abhängigkeit von der Temperatur des Mediums (Dampf, Wasser) und der Art der Beheizung anzusetzen ist. In Sonderfällen kann eine Wärmedurchgangsrechnung erforderlich sein.

9.2.3. Sicherheitsbeiwert. Die Bauteile müssen so bemessen sein, daß die auftretenden Beanspruchungen nur einen Bruchteil des jeweiligen Festigkeitskennwertes betragen, also noch eine bestimmte *Sicherheit* vorhanden ist, $\sigma_{vorh} \leqq K/S$. Der Sicherheitsbeiwert S ist für die einzelnen Belastungsfälle in den Kesselbestimmungen festgelegt. Soweit für besondere Konstruktionen die auftretenden Beanspruchungen rechnerisch noch nicht bestimmt werden können, muß durch *Dehnungsmessungen* an geeigneten Objekten nachgewiesen werden, daß die auftretenden Beanspruchungen das zulässige Maß nicht überschreiten. Zuschläge zur Berücksichtigung von *Herstellungstoleranzen* und *Abnützungen* im Betrieb müssen besonders berücksichtigt werden.

Die für die Berechnung maßgebenden Dampfkesselbestimmungen erscheinen in Zukunft als *Loseblatt-Sammlung* mit dem Charakter von *„Technischen Regeln"*, weil es sonst nicht möglich ist, sie ohne zeitliche Verzögerung dem Stand der Technik anzupassen. Wegen der z. Zt. noch etwas unklaren Situation sollen an dieser Stelle keine weiteren Angaben gemacht werden. Im Bd. III wird nach Vorliegen der Dampfkessel-Verordnung das gesamte Vorschriftenwerk besprochen und in den Beispielen auf die entsprechenden Bestimmungen verwiesen.

10. Schrifttumverzeichnis

[1] Becker, R.: Klein- und Schiffsdampfkessel im Land- und Bordbetrieb. Verden/Aller 1960.

[2] Doležal, R.: Großkessel-Feuerungen. Berlin · Göttingen · Heidelberg 1961.

[3] —: Durchlaufkessel. Essen 1962.

[4] Dubbels Taschenbuch für Maschinenbau II. 12. Aufl. Berlin · Göttingen · Heidelberg 1961.

[5] Dürr-Werke AG: Dampfkessel-Betriebs-Taschenbuch. 4. Ausg. Ratingen 1963.

[6] Grundmann, H.; Schröder, W.: Speisewasseraufbereitung leicht gemacht. 5. Aufl. Verden/Aller 1963.

[7] Hansen, W.: Heizöl-Handbuch für Industriefeuerungen. Berlin · Göttingen · Heidelberg 1959.

[8] Heerwagen, R.: Veränderung von Dampfkesselanlagen durch Einbau einer Ölfeuerung. Stuttgart 1961.

[9] Hütte: Des Ingenieurs Taschenbuch II A. 28. Aufl. Berlin 1960.

[10] Kuhlmann, A.: Kesselwartung in Großkraftwerken. Verden/Aller 1962.

[11] Münzinger, F.: Dampfkraft. 3. Aufl. Berlin · Göttingen · Heidelberg 1949.

[12] Ledinegg, M.: Dampferzeugung, Dampfkessel, Feuerungen. Theorie, Konstruktion, Betrieb. Wien 1952.

[13] Netz, H.: Dampfkessel. 6. Aufl. München 1965.

[14] Nuber, K.: Kohle und Dampf in Deiner Hand. 7. Aufl. Verden/Aller 1962.

[15] Schwaiger, S.: Festigkeitsberechnung von Bauelementen des Dampfkessel-, Behälter- und Rohrleitungsbaues. Berlin · Göttingen · Heidelberg 1961.

[16] Splittgerber, A.: Wasseraufbereitung im Dampfkesselbetrieb. Berlin 1954.

[17] Zinzen, A.: Dampfkessel und Feuerungen. 2. Aufl. Berlin · Göttingen · Heidelberg 1957.

[18] Blome, B.: Der Sulzer-Einrohr-Kessel. Sonderdruck Halberg Maschinenbau u. Eisengießerei AG, Ludwigshafen a. R.

[19] Höger, R.: Hochbelastete Brennkammern für Schmelzfeuerungen von Dampferzeugern. BWK 16 (1964) Nr. 11, S. 552/559.

[20] Kollen, H.: Der Werkstoff Stahl in der Entwicklung der letzten hundert Jahre. Stahl und Eisen 80 (1960) Nr. 25 S. 1864/77.

[21] Kretschmann, W.: Braunkohle als Brennstoff für Dampfkraftwerke. Energie 16 (1964) Nr. 9 S. 329/352.

[22] Kruppe, H.: Der Bestand an Dampfkesseln in der Bundesrepublik Deutschland und im Land Berlin am 31. Dezember 1963. Technische Überwachung 6 (1965) Nr. 6 S. 210/214.

[23] Michel, R.: Gegenwärtiger Entwicklungsstand des Bensonkessels. Energie 15 (1963) Nr. 5 S. 190/199.

[24] Vorkauf, H.: Der Wasserumlauf im Eckrohrkessel. Energie 9 (1957) Nr. 3 S. 88/92.

[25] —: Bau und Betrieb des Eckrohrkessels. Schweiz. Bauzeitung 1951. Nr. 51.

[26] Schultes, W.: Dampfkessel-Flossenwände. Energie 16 (1964) S. 151/152.

[27] DDA: Richtlinien für die Anforderungen an Sicherheitsventile für Dampfkessel, November 1957. BWK 10 (1958) Nr. 3 S. 126.

[28] —: Sicherheitstechnische Richtlinien für Abgas-Speisewasservorwärmer, Entwurf 1960.

[29] D D A : Sicherheitstechnische Richtlinien für Ölfeuerungen an Dampfkesseln, Entwurf 1960.
[30] —: Sicherheitstechnische Richtlinien für Gasfeuerungen an Dampfkesseln, Entwurf 1960.
[31] V d T Ü V : Richtlinien für die Speise- und Kesselwasserbehandlung bei Dampferzeugern bis 20 atü Betriebsdruck, Ausgabe September 1965. Technische Überwachung 6 (1965) Nr. 12 S. 429/433.
[32] V G B : Neue VGB-Richtwerte für das Speise- und Kesselwasser von Wasserrohrkesseln. VGB-Mitteilungen Heft 76, Februar 1962.

Von den Werken, die das Kesselgebiet zusammenfassend behandeln, z. B. [11], [12], [17] sind wegen der stetigen Entwicklung vorerst keine Neuauflagen erschienen. Hauptsächlich in folgenden Zeitschriften erscheinen Beiträge über die Entwicklung auf dem Kesselgebiet, die damit zusammenhängenden Probleme und die mit neuen Anlagen gesammelten Erfahrungen:

B K W Brennstoff Wärme Kraft. Zeitschrift für Energietechnik und Energiewirtschaft. VDI-Verlag GmbH, Düsseldorf.

Energie Kohle Treibstoff Gas Strom Wasserkraft. Technischer Verlag H. Resch GmbH, Gräfelfing.

Technische Überwachung Herausgeber VdTÜV. VDI-Verlag GmbH, Düsseldorf.

VGB-Mitteilungen Mitteilungen der Vereinigung der Großkesselbesitzer. Verlag Stahleisen mbH, Düsseldorf.

Wichtige Normen

DIN 1871 Technische Gase
DIN 1942 Abnahmeversuche an Dampferzeugern (VDI-Dampferzeugerregeln)
DIN 2481 Wärmekraftanlagen; Sinnbilder, Schaltpläne
DIN 3501 Wasserstandanzeiger für Dampfkessel und Behälter
DIN 4188, Bl. 1 Siebe, Drahtgewebe für Prüfsiebe
DIN 16262/16263 Absperrhähne für Druckmeßgeräte
DIN 16270/16271 Absperrventile für Druckmeßgeräte
DIN 23003 Internationales Klassifizierungssystem für Steinkohlen
DIN 51603 Heizöle, Mindestanforderungen
DIN 51700 Prüfung fester Brennstoffe

Am Dampfkesselwesen interessierte Organisationen

D D A Deutscher Dampfkessel-Ausschuß. Nach § 24 Gew.-Ordnung berufenes, ehrenamtlich tätiges Gremium aus Vertretern der Behörden, der Kesselhersteller und -betreiber, der Überwacher und der Wissenschaft zur Beratung des Bundesministeriums.

Fachverband Dampfkessel-, Behälter- und Rohrleitungsbau, Düsseldorf.

T Ü V Technischer Überwachungsverein. In den jeweiligen Bundesländern zuständig für die Überwachung der Dampfkesselanlagen als Selbstverwaltungsorganisation der Kesselbetreiber mit Zustimmung des Bundsministeriums.
In den Ländern mit staatlicher Überwachung sind tätig die Technischen Überwachungsämter (TÜA) im Land Hessen und das Amt für Arbeitsschutz in Hamburg.

V d T Ü V Vereinigung der Technischen Überwachungsvereine, Essen. Dachorganisation der TÜV zur gemeinsamen Vertretung nach außen und zur Sicherstellung der an die Anerkennung der TÜV gestellten Voraussetzungen.

V G B Vereinigung der Großkesselbesitzer, Essen.

W K V Wasserrohrkesselverband, Düsseldorf.

11. Namen- und Sachverzeichnis

Abgas-Speisewasser-
vorwärmer 59
Abhitze-Kessel 20, 42
Ablaufregelung 45
Abnahmezeugnis 102
Abnutzung 102
Abscheideflasche 17
abschlacken 70
abschlämmen 46, 47
Absinkgeschwindig-
keit 16
Absorption 50
Absperrorgan 53
Alkalität 48
Analyse 99
Anfahrvorgang 38
Anionen 46
Anzapfdampf 61
ApB 5
Aschenerweichungs-
punkt 29, 77
Aschfall 69
Aufbereitung
—, Brennstoff 78
—, Speisewasser 45
aufbrechen 70
Ausbeulung 49
Ausdampfgefäß 25
Ausflußbeiwert 52
Austauschverfahren 46
austenitischer
Stahl 56, 100

Baumusterprüfung 12
Benson-Kessel 34
Berührungsheizfläche
31, 55
Besichtigungsöffnung
23
bestiften 85
bewegl. Kessel 11
Binnenschiffskessel 11
Blechverkleidung
21, 30
Blockanlage 12, 37
Böschungswinkel 71
Brennermuffel 95
Brückenbildung 56
Bruchdehnung 99

Charakteristik 57
chemische Reinigung
26

Dampf-dom 23
— -einblasung 93
— -erzeuger 5
— -kessel-Verord-
nung 5
— -Kühler 6
— -raumbelastung
14
— -speicher 7
DDA 104, 5
Dehngrenze 100
Dehnungsmessung 102
Differenzdruck 34
Diffusor 88
Doppelkessel 20
Drehzerstäuber 93
Dreistufen-Regelung
94
Drosselblende 36
Drosseldüse 33
Druck 11
Druckabfall 35
Druckbehälter 7, 63
Druckmeßeinrichtg. 51
Druckregler 54
Druckzerstäuber 92
Durchlaufheizfläche 55
Durchlauf-Kessel
13, 17, 34
dynamische Förderung
79
dynamische Höhe 68

Eckrohr-Kessel 31
Eigenbelüftung 79
Ein-Aus-Regelung
39, 94
Einblasemühle 84
Einflammrohr-Kessel
18
einfrieren 86
Einmauerung 6
Einspritzkühler 57
Eisen 46
Ekonomiser 59
elastisch. Bereich 100
Elektroden-Gerät 45
Elektro-Kessel 43
elektronische
Rechenanlage 8, 97
Emission 68
Emittend 68
Entgaser 47
Entleerungs-
Einrichtung 53
Entkieselung 47
Entmischungs-
trommel 15
Entstaubung 6
Erlaubnis 5
Erosion 54
Eigenbelüftung 79

Fällungsverfahren 46
Fallrohr 28, 31
Falschluft 73
Fangrost 86
Federkraftmühle 82
Fernseh-Apparatur 51
ferritischer Stahl 38
Festigkeits-
Kennwert 99
feststeh. Kessel 11
Feuerbrücke 70
Feuerbuchse 24
Feuerbuchs-
Rauchrohr-Kessel 24
Feuergeschränk 70

Feuerraumbelastung 11
Feuertür 70
Feuerung 6, 66
— -swirkungsgrad 10
Filmverdampfung 30
Flammrohr 18
— -Kessel 18
— -Rauchrohr-Kessel 20
Fliehkraft-Abscheider 41
— -Zerstäuber 93
Flossenrohr 30, 38
Flugasche-Rückführung 84
Fremdbelüftung 79
Frischwasser 61
Fuchs 21, 67

Gasfeuerung 95
Gaskühler 42
Gasmangelsicherung 95
Gasturbine 41
Gebläse 6, 64, 67
Gegenstrom 62
Gerüst 31, 38
Gewerbeordnung 5
Glasrohr 50
Glattrohr-Vorwärmer 61, 63
Glimmer-Wasserstand 50
Granulat 84
Grauguß 53
Grobkorn 79
Groß-Kessel 29
Großwasserraum-Kessel 18

Härtebildner 46
Haltefeuerung 96
Handregelung 45
Handspeisepumpe 45
Hardgrove-Zahl 82
Heißdampf-Kühler 57
— -temperatur 56
Heißwasser 42
— -Erzeuger 42
Heizelemente (elektr.) 44
Heizflächenbelastung 11, 16
— -verschmutzung 68

Herstellungstoleranz 102
hilfsgesteuertes Sicherheitsventil 51
Hochdruck-Dampfkessel 12
Hochhub-Sicherheits-Ventil 52
Hochtemperatur-Korrosion 91
Höchstdruck-Dampfkessel 12
höchste Dauerleistung 9
Hollandkessel 22
Holzspäne, -staub 96
Hubcharakteristik 52
Hydrazin 48
Hydroxylionen 47

Immission 68
Injektor 45
Innenfeuerung 70
Ionen, Ionenaustausch 46
Isolierung 21, 30, 38

Kationen 46
Keramik-Wärmeübertragungskörper 66
Kerbschlagzähigkeit 99
Kessel-Aufstellungsraum 6
— -Wirkungsgrad 10
Kieselsäure 47
Kleindampfkessel 5, 12
Klein-Wanderrost 74
Klopf-Vorrichtung 74
Kohlengrieß 79
Kohlenstoff-Stahl 100
Kolbenpumpe 44
kommuniz. Röhren 49
Kondensation 54
Kondensat-Rückführung 48
kontinuierliche Entsalzung 47
Korrosion 47, 60, 90
Kratzerkette 77
Kreiselpumpe 44
Kreuzstrom 62
Kriechen 100
Kühlbalken 74
Kugelmühle 82

Kugelregen-Reinigg. 68
Kupfer 49

Lamellen 65
La Mont-Kessel 32
Landdampfkessel 11
Lastabhängigkeit 36
Laständerungsgeschwindigkeit 37
Laterne 54
legierter Stahl 100
Leistung 9
Lieferbedingungen 99
Ljungström-Luftvorwärmer 65
Löffler-Kessel 41
Lokomobilkessel 21
Lüfteinrichtung 54
Luftmangelsicherung 95
Luftüberschuß 90
Luftvorwärmer 6, 11, 63

Mäanderband 36
mahlen (Kohle) 78
Mangan 47
Manometer 52, 59
Manostat 55
Mischbrenner 78
Mühle 79
Muffel 70
Muldenrost 71

Nachgeschalt. Zug 58
nasse Wendekammer 22
Naturumlauf 16
Niederdruck-Dampfkessel 5, 12
Niederhub-Sicherh.-ventil 52
Niedrigster Wasserstand, N–W 13, 44
Normaldampf 10

Oberflächenkühler 57
Ölfeuerung 89
Optimieren 97
organische Stoffe 46

Packaged boiler 40
Paketkessel 40
Phosphat 48
Planrost 69
Platten-Vorwärmer 64

Prallwand 89
Primärluft 78
Prüfhahn 50
Prüfmanometer 51
Prüfsiebgewebe 79
Prüfventil 50
Pumpe 13, 35, 44

Querrohr 24
Quersieder 24

Rauchkammer 21
Rauchrohr 18
Rechenautomat 97
Reflexglas 50
Regel-Geräte 54
— -Heizfläche 37
— -Leistung 9
— -Programm 95
Regenerativ-Vorw. 64
Regenerieren 47
Reinhalten d. Luft 67
Rekuperativ-Vorw. 64
Ringrost 72
Rippenrohr 59
Röhrenvorwärmer 64
Rohrkäfig 22
Rohrreißer 27, 49
Rost 69
— -durchfall 76
— -wärmebelastung 72
— -walzen 76
Rücklaufrohr 28, 31
Rückschubrost 72
Rückspeiser 45
Rückstand 79
Rückströmsicherung 59
Rußbläser 60, 68
Ruths-Speicher 7

Säuretaupunkt 61, 90
Sammler 28
Saugzug-Gebläse 6, 23, 62, 68
Schichthöhenbegrenzer 73
Schieflage (d. Feuerung) 35
Schlackenfluß 84, 86
Schlackentrichter 74
Schlägermühle 82
Schlagarm 82
Schlagkopf 82
Schlagplatte 82
Schlammsammler 26
Schleifstaub 96
Schleusluft 66
Schmelz-Feuerung 84
— -kammer 85
— -trichter 85
Schmidt-Hartmann-Kessel 41
Schnelldampferzeuger 19, 38
Schornstein 6, 67
Schottüberhitzer 55
Schrägrohr-Kessel 25
Schrägrost 71
schüren 70, 71
Schüsselmühle 82
Schüttelrost 72
Schwefelgehalt 90
Schwefelsäurekorrosion 90
Schweißbarkeit 99
Schwelgase 96
Schwerkraftmühle 82
Schwimmergerät 45
Seeschiffskessel 11
Sekundärluft 78
Sektion s. Teilkammer
Selbstumlauf 16
Sicherheitsbeiwert 102
Sicherheitsventil 51, 58
sichten 79
Silikatstein 49
Sollwert 54
Speicherfähigkeit 14
Speise-Einrichtung 6, 13, 44
— -Pumpe 17
— -regelung 45
Speisewasser 6
— -Aufbereitung 19, 46
— -Vorwärmer 6, 11
Staubfeuerung 78
Staupendel 73
Steilrohrkessel 27
Steilsieder 25
Stetigregelung 54, 94
Stoker 71
Strähnenbildung 57, 88
Strahlungskessel 28
Strahlungsüberhitzer 55
Strömungswiderstand 62
Stützfeuer 76,97
Sulzer-Einrohr-Kessel 34

Taschen-Vorwärmer 64
Technische Regeln für Dampfkessel 44, 102
Teilkammer 26
Teillast 36, 78
Temperatur-Änderungsgeschwindigkeit 101
— -Regler 54
thermischer Umlauf 13, 25
thermodynamischer Auftrieb 67
Thermometer 58
Thermostat 54
Trägerluft 78, 86
Transportschnecke 71
TRD 44, 102
Treppenrost 71
trockene Entaschung 84
Trocknung 79
Trommel 25, 27
TÜV 104
turbulente Strömung 62

Überdruckfeuerung 23
Überhitzer 6, 23, 55
Überhitzung 54
Überhub 14
überkritischer Zustand 38
Ultraschall 69
Unfallverhütungsvorschr. Druckbehälter 7, 42
unstabiles Verhalten 36
Unterdruckfeuerung 67
Unterfeuerung 20, 70
Unterschubrost 71
Unterwind 23, 71
— -Gebläse 67, 74
Unverbranntes 69, 84
U-Rohr 51

Vanadiumpentoxid 91
VdTÜV 5, 105
Velox-Dampferzeuger 41
verdämmen 28

Verdampfungs-
Heizfläche 33, 36
Verdampfungszahl 10
Vereinbarung 99
Verfügbarkeit 10
Vergleichsmahlung 79
Vierkantrohr 74
Vierkantsammler 55
Viskosität 89
Vollentsalzung 47
Vollhub-Sicherheits-
ventil 52
Vollkammer 26
Vorfeuerung 20, 70
Vorlauftemperatur 42
Vorschubrost 72
Vorverdampfer 63
Vorwärmer-Heizfl. 36
Vorwärmung (Öl) 89

Wächter 44
Wärmespannung 101
Wärmestromdichte 49
Wärmeübergang 46
— -skoeffizient 56
Wärmeübertragungs-
lamellen 62
Walzenmühle 82
Walzenrost 76
Walzwerkzeug 26
Wanderrost 73
Wandüberhitzer 55
Warmfestigkeit 101
Warmstreckgrenze
102
Wassermangel-
sicherung 45
Wasserraum 13
Wasserrohr 25
— -kessel 18, 25
Wasserschlag 43
Wasserschleife 51
Wasserspeicher 25
Wasserspiegel-
Belastung 14
Wasserstand-
Anzeigeeinrichtung
49
— -Fernanzeiger 51
Wasser-Taupunkt 61
— -Umlauf 32
— -Verschluß 74, 77
Wellrohr 19
Wendekammer 22
Wirbel-
Schmelzkammer 88
Widerstands-
Charakteristik 36
Wirkungsgrad 10
Wurfbeschicker 70
Wurfschaufel 70
Zäher Werkstoff 55
Zeitstandfestigkeit
56, 100
Zentralmahlanlage 84
Zerstäuberbecher 93
Zerstäubung 89, 91
Zerstäubungsluft 93
Zonen-Wanderrost 73
Zündgeschwindigk. 95
Zündgewölbe 73
Zündgrenze 95
Zugbedarf 23
Zugerzeugung 58
Zugverstärker 62, 67
Zunderbeständiger
Stahl 55
Zwanglaufkessel 34
Zwangumlaufkessel
16, 32
Zweiflammrohr-
kessel 19
Zweistufenregelung
94
Zweitluft 70, 73
Zwischenbunkerung
84
Zwischenüberhitzer
6, 57
Zyklon-Feuerung
85, 88

FREIER

Kesselspeisewasser — Kühlwasser

Technologie — Betriebsanalyse

2., verbesserte und erweiterte Auflage. Mit 99, z. T. farbigen Abbildungen. Groß-Oktav. VIII, 216 Seiten. 1963. Plastikeinband DM 38,—

Dieses aus der Praxis im Kesselbetrieb entstandene Buch enthält eine Fülle von wertvollen Informationen und praktischen Ratschlägen für den Wasserfachmann. Im letzten Viertel des Buches sind alle für den Kesselbetrieb wichtigen Methoden der Wasseruntersuchung beschrieben. Dieser Teil des Buches zeichnet sich durch eine übersichtliche und streng durchgeführte Gliederung besonders aus. Zahlreiche dieser Verfahren wurden vom Verfasser neu entwickelt oder nach bekannten Untersuchungsmethoden speziell für die Anforderungen des Kesselbetriebes neu bearbeitet.

Wer sich mit der Wassertechnologie und -untersuchung im Kesselbetrieb zu befassen hat, wird aus diesem Buch wertvolle Hinweise auf den derzeitigen Stand der Aufbereitungsverfahren und die Untersuchungen von Wasser entnehmen können.

Das Gas- und Wasserfach

WALTER DE GRUYTER & CO · BERLIN 30

THUM - MEYSENBUG

Werkstoffe des Maschinenbaues

2 Bände, Sammlung Göschen Band 476, 936

I. **Einführung in die Werkstoffprüfung.** 2., neubearbeitete Auflage. 100 Seiten. 7 Tabellen. 56 Abbildungen. 1956. DM 3,60

II. **Die Konstruktionswerkstoffe.** 2., neubearbeitete Auflage. 132 Seiten. 19 Tabellen. 40 Abbildungen. 1959. DM 3,60

Das Werk vermittelt eine gute Übersicht über die Werkstoffe und die Methoden zur Prüfung ihrer Eigenschaften sowie eine Zusammenstellung der Werkstoffe des Maschinenbaues wie Stahl und Eisen, Kupfer und seine Legierungen, Bronze, Leichtmetalle, Sinterwerkstoffe, Gleitlagerwerkstoffe und Hinweise auf die Formgebung.

ZIETEMANN

Die Dampfturbinen

Ihre Wirkungsweise, Berechnung und Konstruktionen

3 Bände. Sammlung Göschen Band 374, 715, 716. Je DM 3,60

I. **Theorie der Dampfturbinen.** 4. Auflage. 139 Seiten. 48 Abbildungen. In Vorbereitung

II. **Die Berechnung der Dampfturbinen und die Konstruktion der Einzelteile.** 4. Auflage. 132 Seiten. 111 Abbildungen. In Vorbereitung

III. **Die Regelung der Dampfturbinen, die Bauarten, Turbinen für Sonderzwecke, Kondensationsanlagen.** 126 Seiten. 90 Abbildungen. 1956.

Dieser Band bietet eine physikalisch und mathematisch wohlfundierte Einführung in die Theorie der Dampfturbinen. Wohlabgewogene, den Umfang einer Seite selten übersteigende Kapitel und Unterabschnitte erleichtern das Durcharbeiten.

Einige Tabellen und ein Sachregister runden den Band inhaltlich ab . . . erfüllt alle Erwartungen, die in ein kurzgefaßtes, einführendes Werk gesetzt werden. *Technische Mitteilungen, Bern*

WALTER DE GRUYTER & CO · BERLIN 30

TÖDT

Korrosion und Korrosionsschutz

Unter Mitwirkung zahlreicher Fachleute herausgegeben von FRITZ TÖDT. 2., völlig neu bearbeitete Auflage. Groß-Oktav. Mit 741 Abbildungen und zahlreichen Tabellen. XXXII, 1427 Seiten. 1961.

Plastikeinband DM 200,—

Es ist dem Herausgeber gelungen, die Übersichtlichkeit zu wahren und ein Werk vorzulegen, das mit Recht als Standardwerk auf den Gebieten der Korrosion und des Korrosionsschutzes bezeichnet werden kann.

Seifen, Öle, Fette, Wachse

Metallkorrosion

Allgemeines, Messung und Verhütung

Von FRITZ TÖDT. 2. Auflage der „Messung und Verhütung der Metallkorrosion". Oktav. Mit 37 Abbildungen. XVI, 122 Seiten. 1958.

Ganzleinen DM 16,50

(Arbeitsmethoden der modernen Naturwissenschaften)

Es bringt den Stoff, mit dem sich heute jeder Betriebsingenieur, ganz gleich welcher Fachrichtung, vertraut machen müßte, um einmal eintretende Korrosionsschäden nach ihrer Ursache zu erkennen.

Energietechnik

WALTER DE GRUYTER & CO · BERLIN 30

TOCHTERMANN

Das Maschinenzeichnen mit Einführung in das Konstruieren

2 Bände. Sammlung Göschen Band 589, 590. 4. Auflage.

I. **Das Maschinenzeichnen.** 156 Seiten. 75 Tafeln. 1950. DM 3,60

II. **Ausgeführte Konstruktionsbeispiele.** 130 Seiten. 58 Tafeln. 1950. DM 3,60

Der Inhalt bietet die wesentlichsten Grundlagen für das Konstruieren einfacher Maschinenteile als belebender Teil des so wichtigen Maschinenzeichnens.

ASMUS

Einführung in die höhere Mathematik und ihre Anwendungen

Ein Hilfsbuch für Chemiker, Physiker und andere Naturwissenschaftler. Von ERIK ASMUS. 4. Auflage. Oktav. Mit 184 Abbildungen im Text. XI, 410 Seiten. 1963. Plastikeinband DM 24,—

Das Buch ist eine wahre Fundgrube! Kein Exempel, keine Aufgabe steht im luftleeren Raum, immer sind sie mit einem praktischen Anwendungsbeispiel verbunden. Das Werk besteht aus zwei Teilen: Funktionen einer Veränderlichen und Funktionen zweier Veränderlichen ... Wer in die mathematische Behandlung chemischer, physikalischer oder physiko-chemischer Probleme eindringen möchte, dem kann das Buch empfohlen werden. *Der Chemotechniker*

WALTER DE GRUYTER & CO · BERLIN 30

SAMMLUNG GÖSCHEN

GESAMTVERZEICHNIS

Jeder Band DM 3,60 · Doppelband DM 5,80
Dreifachband DM 7,80

Frühjahr 1966

WALTER DE GRUYTER & CO · BERLIN 30

Inhaltsübersicht

Biologie 16
Botanik 17
Chemie 15
Deutsche Sprache u. Literatur 7
Elektrotechnik 20
Englisch 8
Erd- u. Länderkunde 10
Geologie 18
Germanisch 8
Geschichte 5
Griechisch 9
Hoch- u. Tiefbau 23
Indogermanisch 8
Kartographie 10
Kristallographie 18
Kunst 5
Land- u. Forstwirtschaft . . 18
Lateinisch 9
Maschinenbau 20
Mathematik 12
Mineralogie 18
Musik 5
Orientalistik 9
Pädagogik 3
Philosophie 3
Physik 14
Psychologie 3
Publizistik 10
Religion 4
Romanisch 8
Slavische Sprachen 9
Soziologie 3
Statistik 10
Technik 20
Technologie 16
Volkswirtschaft 10
Vermessungswesen 22
Wasserbau 23
Zoologie 17
Autorenregister 31
Bandnummernfolge 24

Geisteswissenschaften

Philosophie

Einführung in die Philosophie von *H. Leisegang †*. 5. Auflage. 146 Seiten. 1963. (281)

Hauptprobleme der Philosophie von *G. Simmel †*. 8., unveränderte Auflage. 177 Seiten. 1964. (500)

Geschichte der Philosophie

I: Die griechische Philosophie von *W. Capelle*. 1. Teil. Von Thales bis Leukippos. 3., erweiterte Auflage. Etwa 135 Seiten. 1966. (857)

II: Die griechische Philosophie von *W. Capelle*. 2. Teil. Von der Sophistik bis zum Tode Platons. 3., stark erweiterte Auflage. Etwa 144 Seiten. 1966. In Vorbereitung (858)

III: Die griechische Philosophie von *W. Capelle*. 3. Teil. Vom Tode Platons bis zur Alten Stoa 2., stark erweiterte Auflage. 132 Seiten. 1954. (859)

IV: Die griechische Philosophie von *W. Capelle*. 4. Teil. Von der Alten Stoa bis zum Eklektizismus im 1. Jh. v. Chr. 2., stark erweiterte Auflage. 132 Seiten 1954. (863)

V: Die Philosophie des Mittelalters von *J. Koch*. In Vorbereitung. (826)

VI: Von der Renaissance bis Kant von *K. Schilling*. 234 Seiten. 1954. (394/394a)

VII: Immanuel Kant von *G. Lehmann*. In Vorbereitung. (536)

VIII: Die Philosophie des 19. Jahrhunderts von *G. Lehmann*. 1. Teil. 15 Seiten. 1953. (571)

IX: Die Philosophie des 19. Jahrhunderts von *G. Lehmann*. 2. Teil. 168 Seiten. 1953. (709)

X: Die Philosophie im ersten Drittel des 20. Jahrhunderts 1. Teil von *G. Lehmann*. 128 Seiten. 1957. (845)

XI: Die Philosophie im ersten Drittel des 20. Jahrhunderts 2. Teil von *G. Lehmann*. 114 Seiten. 1960. (850)

Die geistige Situation der Zeit (1931) von *K. Jaspers*. 6. Abdruck der im Sommer 1932 bearbeiteten 5. Auflage. 211 Seiten. 1965. (1000)

Erkenntnistheorie von *G. Kropp*.
1. Teil: Allgemeine Grundlegung. 143 Seiten. 1950. (807)

Formale Logik von *P. Lorenzen*. 3., verbesserte Auflage. Etwa 165 Seiten. 1966. (1176/1176a)

Philosophisches Wörterbuch von *M. Apel †*. 5., völlig neu bearbeitete Auflage von *P. Ludz*. 315 Seiten. 1958. (1031/1031a)

Philosophische Anthropologie. Menschliche Selbstdeutung in Geschichte und Gegenwart von *M. Landmann*. 2., durchgesehene Auflage. 223 Seiten. 1964. (156/156a)

Pädagogik, Psychologie, Soziologie

Geschichte der Pädagogik von *Herm. Weimer* 17. Auflage von *Heinz Weimer*. 184 Seiten. 1966. (145/145a)

Therapeutische Psychologie. Ihr Weg durch die Psychoanalyse von *W. M. Kranefeldt*. Mit einer Einführung von *C. G. Jung*. 3. Auflage. 152 Seiten. 1956. (1034)

Allgemeine Psychologie von *Th. Erismann* †. 4 Bände.
I: Grundprobleme. 3. Auflage. 146 Seiten. 1965. (831)
II: Grundarten des psychischen Geschehens. 2., neubearbeitete Auflage. 248 Seiten. 1959. (832/832a)
III: Experimentelle Psychologie und ihre Grundlagen. 1. Teil. 2., neubearbeitete Auflage. 112 Seiten, 7 Abbildungen. 1962. (833)
IV: Experimentelle Psychologie und ihre Grundlagen. 2. Teil. 2., neubearbeitete Auflage. 199 Seiten, 20 Abbildungen. 1962. (834/834a)

Soziologie. Geschichte und Hauptprobleme von *L. von Wiese*. 7. Auflage. 176 Seiten. 1964. (101)

Ideengeschichte der sozialen Bewegung des 19. und 20. Jh. von *W. Hofmann*. 243 Seiten. 1962. (1205/1205a)

Sozialpsychologie von *P. R. Hofstätter*. 2. Auflage. 191 Seiten, 18 Abbildungen. 1964. (104/104a)

Psychologie des Berufs- und Wirtschaftslebens von *W. Moede* †. 190 Seiten, 48 Abbildungen. 1958. (851/851a)

Industrie- und Betriebssoziologie von *R. Dahrendorf*. 3. Auflage. 142 Seiten. 3 Figuren. 1965. (103)

Wirtschaftssoziologie von *F. Fürstenberg*. 122 Seiten. 1961. (1193)

Einführung in die Sozialethik von *H.-D. Wendland*. 144 S. 1963. (1203)

Religion

Jesus von *M. Dibelius* †. 3. Auflage, mit einem Nachtrag von *W. G. Kümmel*. 140 Seiten. 1960. (1130)

Paulus von *M. Dibelius* †. Nach dem Tode des Verfassers herausgegeben und zu Ende geführt von *W. G. Kümmel*. 3., durchgesehene Auflage. 156 Seiten. 1964. (1160)

Luther von *F. Lau* 2., verbesserte und erweiterte Auflage. Etwa 170 Seiten. 1966. (1187)

Melanchthon von *R. Stupperich*. 139 Seiten. 1960. (1190)

Zwingli von *F. Schmidt-Clausing*. 119 Seiten. 1965. (1219)

Sören Kierkegaard. Leben u. Werk von *H. Gerdes*. 134 Seiten. 1966. (1221)

Einführung in die Konfessionskunde der orthodoxen Kirchen von *K. Onasch*. 291 Seiten. 1962. (1197/1197a)

Geschichte des christlichen Gottesdienstes von *W. Nagel*. 215 Seiten. 1962. (1202/1202a)

Geschichte Israels. Von den Anfängen bis zur Zerstörung des Tempels (70 n.Chr.) von *E. L. Ehrlich*. 2. Aufl. 1966. In Vorbereitung. (231/231a)

Römische Religionsgeschichte von *F. Altheim*. 2 Bände. 2., umgearbeitete Auflage.
I: Grundlagen und Grundbegriffe. 116 Seiten. 1956. (1035)
II: Der geschichtliche Ablauf. 164 Seiten. 1956. (1052)

Die Religion des Buddhismus von *D. Schlingloff*. 2 Bände.
I: Der Heilsweg des Mönchstums. 122 Seiten, 11 Abbildungen, 1 Karte. 1962. (174)
II: Der Heilsweg für die Welt. 129 Seiten, 9 Abbildungen, 1 Karte. 1963. (770)

Musik

Musikästhetik von *H. J. Moser*. 180 Seiten. Mit zahlreichen Notenbeispielen. 1953. (344)

Systematische Modulation von *R. Hernried*. 2. Auflage. 136 Seiten. Mit zahlreichen Notenbeispielen. 1950. (1094)

Der polyphone Satz von *E. Pepping*. 2 Bände.
I: Der cantus-firmus-Satz. 2. Auflage. 233 Seiten. Mit zahlreichen Notenbeispielen. 1950. (1148)
II: Übungen im doppelten Kontrapunkt und im Kanon. 137 Seiten. Mit zahlreichen Notenbeispielen. 1957. (1164/1164a)

Allgemeine Musiklehre von *H. J. Moser*. 2., durchgesehene Auflage. 155 Seiten. Mit zahlreichen Notenbeispielen. 1955. (220/220a)

Harmonielehre von *H. J. Moser*. 2 Bände.
I: 109 Seiten. Mit 120 Notenbeispielen. 1954. (809)
II: In Vorbereitung. (810)

Die Musik des 19. Jahrhunderts von *W. Oehlmann*. 180 Seiten. 1953. (170)

Die Musik des 20. Jahrhunderts von *W. Oehlmann*. 312 Seiten. 1961. (171/171a)

Technik der deutschen Gesangskunst von *H. J. Moser*. 3., durchgesehene und verbesserte Auflage. 144 Seiten, 5 Figuren sowie Tabellen und Notenbeispiele. 1954. (576/576a)

Die Kunst des Dirigierens von *H. W. von Waltershausen †*. 2., vermehrte Auflage. 138 Seiten. Mit 19 Notenbeispielen 1954. (1147)

Die Technik des Klavierspiels aus dem Geiste des musikalischen Kunstwerkes von *K. Schubert †*. 3. Auflage. 110 Seiten. Mit Notenbeispielen. 1954. (1045)

Kunst

Stilkunde von *H. Weigert*. 2 Bände. 3., durchgesehene und ergänzte Auflage.
I: Vorzeit, Antike, Mittelalter. 136 Seiten, 94 Abbildungen. 1958. (80)
II: Spätmittelalter und Neuzeit. 150 Seiten, 88 Abbildungen. 1958. (781)

Archäologie von *A. Rumpf*. 3 Bände.
I: Einleitung, historischer Überblick. 143 Seiten, 6 Abbildungen, 12 Tafeln. 1953. (538)
II: Die Archäologensprache. Die antiken Reproduktionen. 136 Seiten. 7 Abbildungen, 12 Tafeln. 1956. (539)
III: In Vorbereitung. (540)

Geschichte

Einführung in die Geschichtswissenschaft von *P. Kirn*. 4., durchgesehene Auflage. 127 Seiten. 1963. (270)

Einführung in die Zeitgeschichte von *B. Scheurig*. 101 Seiten. 1962. (1204)

GEISTESWISSENSCHAFTEN

Zeitrechnung der römischen Kaiserzeit, des Mittelalters und der Neuzeit für die Jahre 1—2000 n. Chr. von *H. Lietzmann †*. 3. Auflage, durchgesehen von *K. Aland*. 130 Seiten. 1956. (1085)

Kultur der Urzeit von *F. Behn*. 3 Bände. 4. Auflage der Kultur der Urzeit Bd. 1—3 von *M. Hoernes*.

I: Die vormetallischen Kulturen. (Die Steinzeiten Europas. Gleichartige Kulturen in anderen Erdteilen.) 172 Seiten, 48 Abbildungen. 1950. (564)

II: Die älteren Metallkulturen. (Der Beginn der Metallbenutzung, Kupfer- und Bronzezeit in Europa, im Orient und in Amerika.) 160 Seiten, 67 Abbildungen. 1950. (565)

III: Die jüngeren Metallkulturen. (Das Eisen als Kulturmetall, Hallstatt-Latène-Kultur in Europa. Das erste Auftreten des Eisens in den anderen Weltteilen.) 149 Seiten, 60 Abbildungen. 1950. (566)

Vorgeschichte Europas von *F. Behn*. Völlig neue Bearbeitung der 7. Auflage der „Urgeschichte der Menschheit" von *M. Hoernes*. 125 Seiten, 47 Abbildungen. 1949. (42)

Der Eintritt der Germanen in die Geschichte von *J. Haller †*. 3. Auflage, durchgesehen von *H. Dannenbauer*. 120 Seiten, 6 Kartenskizzen. 1957. (1117)

Von den Karolingern zu den Staufern. Die altdeutsche Kaiserzeit (900—1250) von *J. Haller †*. 4., durchgesehene Auflage von *H. Dannenbauer*. 142 Seiten, 4 Karten. 1958. (1065)

Von den Staufern zu den Habsburgern. Auflösung des Reichs und Emporkommen der Landesstaaten (1250 —1519) von *J. Haller †*. 2., durchgesehene Auflage von *H. Dannenbauer*. 118 Seiten, 6 Kartenskizzen. 1960. (1077)

Deutsche Geschichte im Zeitalter der Reformation, der Gegenreformation und des dreißigjährigen Krieges von *F. Hartung*. 2., durchgesehene Auflage. 128 Seiten. 1963 (1105)

Deutsche Geschichte von 1648—1740. Politischer und geistiger Wiederaufbau von *W. Treue*. 120 Seiten. 1956. (35)

Deutsche Geschichte von 1713—1806. Von der Schaffung des europäischen Gleichgewichts bis zu Napoleons Herrschaft von *W. Treue*. 168 Seiten. 1957. (39)

Deutsche Geschichte von 1806—1890. Vom Ende des alten bis zur Höhe des neuen Reiches von *W. Treue*. 128 Seiten. 1961. (893)

Deutsche Geschichte von 1890 bis zur Gegenwart von *W. Treue*. In Vorbereitung. (894)

Quellenkunde der Deutschen Geschichte im Mittelalter (bis zur Mitte des 15. Jahrhunderts) von *K. Jacob †*. 3 Bände.

I: Einleitung. Allgemeiner Teil. Die Zeit der Karolinger. 6. Auflage, bearbeitet von *H. Hohenleutner*. 127 Seiten. 1959. (279)

II: Die Kaiserzeit (911—1250). 5. Auflage, neubearbeitet von *H. Hohenleutner*. 141 Seiten. 1961. (280)

III: Das Spätmittelalter (vom Interregnum bis 1500). Herausgegeben von *F. Weden*. 152 Seiten. 1952. (284)

Geschichte Englands von *H. Preller.* 2 Bände.
I: bis 1815. 3., stark umgearbeitete Auflage. 135 Seiten, 7 Stammtafeln, 2 Karten. 1952. (375)
II: Von 1815 bis 1910. 2., völlig umgearbeitete Auflage. 118 Seiten, 1 Stammtafel, 7 Karten. 1954. (1088)

Römische Geschichte von *F. Altheim.* 4 Bände. 2., verbesserte Auflage.
I: Bis zur Schlacht bei Pydna (168 v. Chr.). 124 Seiten. 1956. (19)
II: Bis zur Schlacht bei Actium (31 v. Chr.). 129 Seiten, 1956. (677)
III: Bis zur Schlacht an der Milvischen Brücke (312 n. Chr.). 148 Seiten. 1958. (679)
IV: Bis zur Schlacht am Yarmuk (636 n. Chr.). In Vorbereitung. (684)

Geschichte der Vereinigten Staaten von Amerika von *O. Graf zu Stolberg-Wernigerode.* 192 Seiten, 10 Karten. 1956. (1051/1051a)

Deutsche Sprache und Literatur

Geschichte der Deutschen Sprache von *H. Sperber.* 5., neubearbeitete Auflage von *P. von Polenz.* 136 Seiten. 1966. (915)

Deutsches Rechtschreibungswörterbuch von *M. Gottschald †.* 2., verbesserte Auflage. 219 Seiten. 1953. (200/200a)

Deutsche Wortkunde. Kulturgeschichte des deutschen Wortschatzes von *A. Schirmer.* 5. Auflage von *W. Mitzka.* 125 Seiten. 1965. (929)

Deutsche Sprachlehre von *W. Hofstaetter.* 10. Auflage. Völlige Umarbeitung der 8. Auflage. 150 Seiten. 1960. (20)

Stimmkunde für Beruf, Kunst und Heilzwecke von *H. Biehle.* 111 Seiten. 1955. (60)

Redetechnik. Einführung in die Rhetorik von *H. Biehle.* 2., erweiterte Auflage. 151 Seiten. 1961. (61)

Sprechen und Sprachpflege (Die Kunst des Sprechens) von *H. Feist.* 3. Aufl. Etwa 99 Seiten, 25 Abbildungen. 1966 In Vorbereitung (1122)

Deutsches Dichten und Denken von der germanischen bis zur staufischen Zeit von *H. Naumann †.* (Deutsche Literaturgeschichte vom 5.—13. Jahrhundert.) 3., verbesserte Auflage. 1966 (1121)

Deutsches Dichten und Denken vom Mittelalter zur Neuzeit von *G. Müller* (1270 bis 1700). 3., durchgesehene Auflage. 159 Seiten. In Vorbereitung. (1086)

Deutsches Dichten und Denken von der Aufklärung bis zum Realismus (Deutsche Literaturgeschichte von 1700—1890) von *K. Viëtor †.* 3., durchgesehene Auflage. 159 Seiten. 1958. (1096)

Deutsche Heldensage von *H. Schneider.* 2. Auflage, bearbeitet von *R. Wisniewski.* 148 Seiten. 1964. (32)

Der Nibelunge Nôt in Auswahl mit kurzem Wörterbuch von *K. Langosch.* 11., durchgesehene Auflage. 166 Seiten. 1966. (1)

Kudrun und Dietrich-Epen in Auswahl mit Wörterbuch von *O. L. Jiriczek.* 6. Auflage, bearbeitet von *R. Wisniewski.* 173 Seiten. 1957. (10)

Wolfram von Eschenbach. Parzifal. Eine Auswahl mit Anmerkungen und Wörterbuch von *H. Jantzen.* 3. Auflage, bearbeitet von *H. Kolb.* 128 Seiten. 1966. (921)

Hartmann von Aue. Der arme Heinrich nebst einer Auswahl aus der „Klage" dem „Gregorius" und den Liedern (mit einem Wörterverzeichnis) herausgegeben von *F. Maurer*. 96 Seiten. 1958. (18)

Gottfried von Straßburg. Tristan und Isolde in Auswahl herausgegeben von *F. Maurer*. 2. Auflage. 142 Seiten. 1965. (22)

Die deutschen Personennamen von *M. Gottschald †*. 2., verbesserte Auflage. 151 Seiten. 1955. (422)

Althochdeutsches Elementarbuch. Grammatik und Texte von *H. Naumann †* und *W. Betz*. 4., verbesserte und vermehrte Auflage. 183 Seiten. 1966. In Vorbereitung. (1111/1111 a)

Mittelhochdeutsche Grammatik von *H. de Boor* und *R. Wisniewski*. 4., verbesserte und ergänzte Auflage. 150 Seiten. 1965. (1108)

Indogermanisch, Germanisch

Indogermanische Sprachwissenschaft von *H. Krahe*. 2 Bände. 4., überarbeitete Auflage.
I: Einleitung und Lautlehre. 110 Seiten. 1962. (59)
II: Formenlehre. 100 Seiten. 1963. (64)

Sanskrit-Grammatik mit sprachvergleichenden Erläuterungen von *M. Mayrhofer*. 2., völlig neu bearbeitete Auflage. 110 Seiten. 1965. (1158/1158a)

Gotisches Elementarbuch. Grammatik. Texte mit Übersetzung und Erläuterungen von *H. Hempel*. 4., neubearbeitete Auflage. 166 Seiten. 1966. (79/79a)

Altnordisches Elementarbuch. Einführung, Grammatik, Texte (zum Teil mit Übersetzung) und Wörterbuch von *F. Ranke*. 3., völlig umgearb. Auflage von *D. Hofmann*. Etwa 180 Seiten. 1966. Im Druck. (1115/1115a)

Germanische Sprachwissenschaft von *H. Krahe*. 3 Bände.
I: Einleitung und Lautlehre. 5., überarbeitete Auflage. 147 Seiten. 1963. (238)
II: Formenlehre. 5., verbesserte Auflage. 149 Seiten. 1965. (780)
III: Wortbildungslehre von *W. Meid*. Etwa 240 Seiten. 1966. (1218/1218a/1218b)

Englisch, Romanisch

Altenglisches Elementarbuch. Einführung, Grammatik, Texte mit Übersetzung und Wörterbuch von *M. Lehnert*. 6., verbesserte Auflage. 178 Seiten. 1965. (1125)

Historische neuenglische Laut- und Formenlehre von *E. Ekwall*. 4., verbesserte Auflage. 150 Seiten. 1965. (735)

Englische Phonetik von *H. Mutschmann †*. 2. Auflage, bearbeitet von *G. Scherer*. 127 Seiten. 1963. (601)

Englische Literaturgeschichte von *F. Schubel*. 4 Bände.
I: Die alt- und mittelenglische Periode. 163 Seiten. 1954. (1114)
II: Von der Renaissance bis zur Aufklärung. 160 Seiten. 1956. (1116)
III: Romantik und Viktorianismus. 160 Seiten. 1960. (1124)

Beowulf von *M. Lehnert*. Eine Auswahl mit Einführung, teilweiser Übersetzung, Anmerkungen und etymologischem Wörterbuch. 3., verbesserte Auflage. 135 Seiten. 1959. (1135)

Shakespeare von *P. Meißner †*. 2. Auflage, neubearbeitet von *M. Lehnert*. 136 Seiten. 1954. (1142)

Romanische Sprachwissenschaft von *H. Lausberg*. 4 Bände.
I: Einleitung und Vokalismus. 2., durchgesehene Auflage. 211 Seiten. 1963. (128/128a)
II: Konsonantismus. 2. Auflage. In Vorbereitung. (250)
III: Formenlehre. 1. Teil. 99 Seiten. 1962. (1199)
III: Formenlehre. 2. Teil. S. 99—260. 1962. (1200/1200a)
IV: Wortlehre. In Vorbereitung. (1208)

Griechisch, Lateinisch

Griechische Sprachwissenschaft von *W. Brandenstein*. 3 Bände.
I: Einleitung, Lautsystem, Etymologie. 160 Seiten. 1954. (117)
II: Wortbildung und Formenlehre. 192 Seiten. 1959. (118/118a)
III: Syntax I. Einleitung. Die Flexibilien. 145 Seiten. 1966. (924/924a)

Geschichte der griechischen Sprache. 2 Bände
I: Bis zum Ausgang der klassischen Zeit von *O. Hoffmann †*. 3. Auflage, bearbeitet von *A. Debrunner †*. 156 Seiten. 1953. (111)
II: Grundfragen und Grundzüge des nachklassischen Griechisch von *A. Debrunner †*. 144 Seiten. 1954. (114)

Geschichte der griechischen Literatur von *W. Nestle*. 2 Bände. 3. Auflage, bearbeitet von *W. Liebich*.
I: 144 Seiten. 1961. (70)
II: 149 Seiten. 1963. (557)

Grammatik der neugriechischen Volkssprache von *J. Kalitsunakis*. 3., wesentlich erweiterte und verbesserte Auflage. 196 Seiten. 1963. (756/756a)

Neugriechisch-deutsches Gesprächsbuch von *J. Kalitsunakis*. 2. Auflage, bearbeitet von *A. Steinmetz*. 99 Seiten. 1960. (587)

Geschichte der lateinischen Sprache von *F. Stolz* und *A. Debrunner †*. 4. Auflage, bearbeitet von *W. P. Schmid*. 1966. In Vorbereitung. (492/492a/703b)

Geschichte der römischen Literatur von *L. Bieler*. 2., verbesserte Auflage. 2 Bände.
I: Die Literatur der Republik. 160 Seiten. 1965. (52)
II: Die Literatur der Kaiserzeit. 133 Seiten. 1965. (866)

Orientalistik, Slavische Sprachen

Die Keilschrift von *B. Meissner*. 3. Auflage, neubearbeitet von *K. Oberhuber*. Etwa 150 Seiten. 1966. (708/708a/708b)

Die Hieroglyphen von *A. Erman*. 3. Auflage, neu bearbeitet von *O. Krückmann*. 1966. In Vorbereitung. (608/608a/608b)

Hebräische Grammatik von *R. Meyer*. 3 Bände.
I: Einleitung, Schrift- und Lautlehre. 3., neubearbeitete Auflage. 120 Seiten. 1966. (763/763a/763b)
II: Formenlehre und Flexionstabellen. 3. Auflage. In Vorbereitung. (764/764a/764b)
III: Satzlehre. In Vorbereitung (765/765a/765b)

Hebräisches Textbuch zu *G. Beer-R. Meyer*, Hebräische Grammatik von *R. Meyer*. 170 Seiten. 1960. (769/769a)

Slavische Sprachwissenschaft von *H. Bräuer*. 2 Bände.
I: Einleitung, Lautlehre. 221 Seiten. 1961. (1191/1191a)

Vergleichende Geschichte der slavischen Literaturen von *D. Tschižewskij*. 2 Bände. 1966. In Vorbereitung.
I: Einführung. Anfänge des slavischen Schrifttums bis zum Klassizismus. (1222)
II: Romantik bis zur Moderne. (1223)

Russische Grammatik von *E. Berneker* †. 6., verbesserte Auflage von *M. Vasmer* †. 155 Seiten. 1961. (66)

Polnische Grammatik von *N. Damerau*. Etwa 140 Seiten. 1966. (942/942a)

Erd- und Länderkunde, Kartographie

Afrika von *F. Jaeger*. Ein geographischer Überblick. 2 Bände. 3. Auflage.
I: Der Lebensraum. 179 Seiten, 18 Abbildungen. In Vorbereitung. (910)
II: Mensch und Kultur. 155 Seiten, 6 Abbildungen. In Vorbereitung. (911)

Australien und Ozeanien von *H. J. Krug*. 176 Seiten, 46 Skizzen. 1953. (319)

Kartographie von *V. Heissler*. 2. Auflage. 213 Seiten, 125 Abb., 8 Anlagen. 1966. (30/30a)

Volkswirtschaft, Statistik, Publizistik

Allgemeine Betriebswirtschaftslehre von *K. Mellerowicz*. 4 Bände. 11. und 12., durchgesehene Auflage.
I: 224 Seiten. 1964. (1008/1008a)
II: 188 Seiten. 1966. (1153/1153a)
III: 260 Seiten. 1963. (1154/1154a)
IV: 209 Seiten. 1963. (1186/1186a)

Allgemeine Volkswirtschaftslehre von *A. Paulsen*. 4 Bände.
I: Grundlegung, Wirtschaftskreislauf. 7. Auflage. 159 Seiten. 11 Abbildungen. 1966. (1169)
II: Haushalte, Unternehmungen, Marktformen. 7. Auflage. 172 Seiten. 31 Abbildungen. 1966. (1170)
III: Produktionsfaktoren. 4. Auflage. 198 Seiten, 24 Abbildungen. 1965. (1171)
IV: Gesamtbeschäftigung, Konjunkturen, Wachstum. 4., neubearbeitete und ergänzte Auflage. 188 Seiten. 1966. (1172)

Geschichte der Volkswirtschaftslehre von *S. Wendt*. 182 S. 1961. (1194)

Allgemeine Volkswirtschaftspolitik von *H. Ohm*. 2 Bände.
- I: Systematisch-Theoretische Grundlegung. 2., verbesserte und ergänzte Auflage. 137 Seiten, 6 Abbildungen. 1965. (1195)
- II: Der volkswirtschaftliche Gesamtorganismus als Objekt der Wirtschaftspolitik. In Vorbereitung. (1196)

Finanzwissenschaft von *H. Kolms*. 4 Bände.
- I: Grundlegung, Öffentliche Ausgaben. 3., verbesserte Auflage. 159 Seiten. 1966. (148)
- II: Erwerbseinkünfte, Gebühren und Beiträge, Allgemeine Steuerlehre. 3., verbesserte Auflage. 148 Seiten. 1966. In Vorbereitung (391)
- III: Besondere Steuerlehre. 178 Seiten. 1962. (776)
- IV: Öffentlicher Kredit. Öffentlicher Haushalt. Finanzausgleich. 191 Seiten. 1964. (782/782a)

Finanzmathematik von *M. Nicolas*. 192 Seiten, 11 Tafeln, 8 Tabellen und 72 Beispiele. 1959. (1183/1183a)

Buchhaltung und Bilanz von *E. Kosiol*. 170 Seiten. 1964. (1213/1213a)

Industrie- und Betriebssoziologie von *R. Dahrendorf*. 3. Auflage. 142 Seiten, 3 Figuren. 1965. (103)

Wirtschaftssoziologie von *F. Fürstenberg*. 122 Seiten. 1961. (1193)

Psychologie des Berufs- und Wirtschaftslebens von *W. Moede†*. 190 Seiten, 48 Abbildungen. 1958. (851/851a)

Einführung in die Arbeitswissenschaft von *H. H. Hilf*. 169 Seiten, 57 Abbildungen. 1964. (1212/1212a)

Allgemeine Methodenlehre der Statistik von *J. Pfanzagl*. 2 Bände.
- I: Elementare Methoden unter besonderer Berücksichtigung der Anwendungen in den Wirtschafts- und Sozialwissenschaften. 3., neubearbeitete Auflage. 266 Seiten, 50 Abbildungen. 1966. (746/746a)
- II: Höhere Methoden unter besonderer Berücksichtigung der Anwendungen in Naturwissenschaften, Medizin und Technik. 2., verbesserte Auflage. 315 Seiten, 41 Abbildungen. 1966. (747/747a)

Zeitungslehre von *E. Dovifat*. 2 Bände. 4., neubearbeitete Auflage.
- I: Theoretische und rechtliche Grundlagen — Nachricht und Meinung — Sprache und Form. 149 Seiten. 1962. (1039)
- II: Redaktion — Die Sparten: Verlag und Vertrieb, Wirtschaft und Technik — Sicherung der öffentlichen Aufgabe. 168 Seiten. 1962. (1040)

Naturwissenschaften

Mathematik

Geschichte der Mathematik von *J. E. Hofmann*. 4 Bände.
- I: Von den Anfängen bis zum Auftreten von Fermat und Descartes. 2., verbesserte und vermehrte Auflage. 251 Seiten. 1963. (226/226a)
- II: Von Fermat und Descartes bis zur Erfindung des Calculus und bis zum Ausbau der neuen Methoden. 109 Seiten. 1957. (875)
- III: Von den Auseinandersetzungen um den Calculus bis zur französischen Revolution. 107 Seiten. 1957. (882)
- IV: Geschichte der Mathematik der neuesten Zeit von *N. Stuloff*. In Vorbereitung. (883)

Mathematische Formelsammlung von *F. O. Ringleb*. 8., erweiterte Auflage. Etwa 320 Seiten. 40 Figuren. 1966. (51/51 a)

Vierstellige Tafeln und Gegentafeln für logarithmisches und trigonometrisches Rechnen in zwei Farben zusammengestellt von *H. Schubert* und *R. Haussner*. 3., neubearbeitete Auflage von *J. Erlebach*. 158 Seiten. 1960. (81)

Fünfstellige Logarithmen mit mehreren graphischen Rechentafeln und häufig vorkommenden Zahlenwerten von *A. Adler*. 4. Auflage, überarbeitet von *J. Erlebach*. 127 Seiten, 1 Tafel. 1962. (423)

Arithmetik von *P. B. Fischer†*. 3. Auflage von *H. Rohrbach*. 152 Seiten, 19 Abbildungen. 1958. (47)

Höhere Algebra von *H. Hasse*. 2 Bände.
- I: Lineare Gleichungen. 5., neubearbeitete Auflage. 150 Seiten. 1963. (931)
- II: Gleichungen höheren Grades. 4., durchgesehene Auflage. 158 Seiten, 5 Figuren. 1958. (932)

Aufgabensammlung zur höheren Algebra von *H. Hasse* und *W. Klobe*. 3., verbesserte Auflage. 183 Seiten. 1961. (1082)

Elementare und klassische Algebra vom modernen Standpunkt von *W. Krull*. 2 Bände.
- I: 3., erweiterte Auflage. 148 Seiten. 1963. (930)
- II: 132 Seiten. 1959. (933)

Lineare Programmierung von *H. Langen*. Etwa 200 Seiten. (1206/1206a)

Algebraische Kurven und Flächen von *W. Burau*. 2 Bände.
- I: Algebraische Kurven der Ebene. 153 Seiten, 28 Abbildungen. 1962. (435)
- II: Algebraische Flächen 3. Grades und Raumkurven 3. und 4. Grades. 162 Seiten, 17 Abbildungen. 1962. (436/436a)

Einführung in die Zahlentheorie von *A. Scholz†*. Überarbeitet und herausgegeben von *B. Schoeneberg*. 4. Auflage. Etwa 128 Seiten. 1966. (1131)

Formale Logik von *P. Lorenzen*. 2., verbesserte Auflage. Etwa 165 Seiten. 1962. (1176/1176a)

Topologie von *W. Franz.* 2 Bände.
I: Allgemeine Topologie. 2., verbesserte Auflage. 144 Seiten, 9 Figuren. 1965. (1181)
II: Algebraische Topologie. 153 Seiten. 1965. (1182/1182a)

Elemente der Funktionentheorie von *K. Knopp†*. 7. Auflage. 144 Seiten, 23 Figuren. 1966. (1109)

Funktionentheorie von *K. Knopp†*. 2 Bände. 11. Auflage.
I: Grundlagen der allgemeinen Theorie der analytischen Funktionen. 144 Seiten, 8 Figuren. 1965. (668)
II: Anwendungen und Weiterführung der allgemeinen Theorie. 130 Seiten, 7 Figuren. 1965. (703)

Aufgabensammlung zur Funktionentheorie von *K. Knopp†*. 2 Bände.
I: Aufgaben zur elementaren Funktionentheorie. 7. Auflage. 135 Seiten. 1965. (877)
II: Aufgaben zur höheren Funktionentheorie. 6. Auflage 151 Seiten. 1964. (878)

Differential- und Integralrechnung von *M. Barner*. (Früher *Witting*). 4 Bände.
I: Grenzwertbegriff, Differentialrechnung. 2., durchgesehene Auflage. 176 Seiten, 39 Figuren. 1963. (86)

Gewöhnliche Differentialgleichungen von *G. Hoheisel*. 7., neubearbeitete und erweiterte Auflage. 142 Seiten. 1965. (920/920a)

Partielle Differentialgleichungen von *G. Hoheisel*. 4., durchgesehene Auflage. 128 Seiten. 1960. (1003)

Aufgabensammlung zu den gewöhnlichen und partiellen Differentialgleichungen von *G. Hoheisel*. 4., neubearbeitete Auflage. 153 Seiten. 1964. (1059/1059a)

Integralgleichungen von *G. Hoheisel*. 2., neubearbeitete und erweiterte Auflage. 112 Seiten. 1963. (1099)

Mengenlehre von *E. Kamke*. 5. Auflage. 194 Seiten, 6 Figuren. 1965. (999/999a)

Gruppentheorie von *L. Baumgartner*. 4., erweiterte Auflage. 190 Seiten, 3 Tafeln. 1964. (837/837a)

Ebene und sphärische Trigonometrie von *G. Hessenberg†*. 5. Auflage, durchgesehen von *H. Kneser*. 172 Seiten, 60 Figuren. 1957. (99)

Darstellende Geometrie von *W. Haack*. 3 Bände.
I: Die wichtigsten Darstellungsmethoden. Grund- und Aufriß ebenflächiger Körper. 5. Auflage. 113 Seiten 120 Abbildungen. 1965. (142)
II: Körper mit krummen Begrenzungsflächen. Kotierte Projektionen. 4., durchgesehene Auflage. 129 Seiten, 86 Abbildungen. 1965. (143)
III: Axonometrie und Perspektive. 3. Auflage. 129 Seiten, 100 Abbildungen. 1965. (144)

Analytische Geometrie von *K. P. Grotemeyer*. 3., neubearbeitete Auflage. 218 Seiten, 73 Abbildungen. 1964. (65/65a)

Nichteuklidische Geometrie. Hyperbolische Geometrie der Ebene von *R. Baldus†*. 4. Auflage, bearbeitet und ergänzt von *F. Löbell*. 158 Seiten, 75 Figuren. 1964. (970/970a)

Differentialgeometrie von *K. Strubecker*. 3 Bände.
I: Kurventheorie der Ebene und des Raumes. 2., erweiterte Auflage. 253 Seiten, 45 Figuren. 1964. (1113/1113a)
II: Theorie der Flächenmetrik. 195 Seiten, 14 Figuren. 1958. (1179/1179a)
III: Theorie der Flächenkrümmung. 254 Seiten, 38 Figuren. 1959. (1180/1180a)
Variationsrechnung von *L. Koschmieder*. 2 Bände. 2., neubearbeitete Auflage.
I: Das freie und gebundene Extrem einfacher Grundintegrale. 128 Seiten, 23 Figuren. 1962. (1074)
II: Anwendung klassischer Verfahren auf allgemeine Fragen des Extrems. — Neuere unmittelbare Verfahren. In Vorbereitung. (1075)
Einführung in die konforme Abbildung von *L. Bieberbach*. 6. Auflage. Etwa 180 Seiten, 42 Figuren. 1966. In Vorbereitung. (768/768a)
Vektoren und Matrizen von *S. Valentiner*. 3. Auflage. (10., erweiterte Auflage der „Vektoranalysis"). Mit Anhang: Aufgaben zur Vektorrechnung von *H. König*. 206 Seiten, 35 Figuren. 1963. (354/354a)
Wahrscheinlichkeitstheorie und Grundzüge der Maßtheorie von *H. Bauer*. 2 Bände.
I: 154 Seiten. 1964. (1216/1216a)
II: In Vorbereitung. (1217)
Versicherungsmathematik von *F. Böhm*. 2 Bände.
I: Elemente der Versicherungsrechnung. 3., vermehrte und verbesserte Auflage. Durchgesehener Neudruck. 151 Seiten. 1953. (180)
II: Lebensversicherungsmathematik. Einführung in die technischen Grundlagen der Sozialversicherung. 2., verbesserte und vermehrte Auflage. 205 Seiten. 1953. (917/917a)
Finanzmathematik von *M. Nicolas*. 192 Seiten, 11 Tafeln, 8 Tabellen und 72 Beispiele. 1959. (1183/1183a)
Kinematik von *H. R. Müller*. 171 Seiten, 75 Figuren. 1963. (584/584a)

Physik

Einführung in die theoretische Physik von *W. Döring*. 5 Bände.
I: Mechanik. 3., verbesserte Aufl. 125 Seiten, 23 Abb. 1965. (76)
II: Das elektromagnetische Feld. 2., verbesserte Auflage. 132 Seiten, 15 Abbildungen. 1962. (77)
III: Optik. 2., verbesserte Auflage. 117 Seiten, 32 Abbildungen. 1963. (78)
IV: Thermodynamik. 2., verbesserte Auflage. 107 Seiten, 9 Abbildungen. 1964. (374)
V: Statistische Mechanik. 2., verbesserte Auflage. 114 Seiten, 12 Abbildungen. 1966. (1017)
Mechanik deformierbarer Körper von *M. Päsler*. 199 Seiten, 48 Abbildungen. 1960. (1189/1189a)

Atomphysik von *K. Bechert, Ch. Gerthsen†* und *A. Flammersfeld.* 7 Bände. 4., durchgesehene Auflage.
I: Allgemeine Grundlagen. 1. Teil von *A. Flammersfeld.* 124 Seiten, 35 Abbildungen. 1959. (1009)
II: Allgemeine Grundlagen. 2. Teil von *A. Flammersfeld.* 112 Seiten, 47 Abbildungen. 1963. (1033)
III: Theorie des Atombaus. 1. Teil von *K. Bechert.* 148 Seiten, 16 Abbildungen. 1963. (1123/1123a)
IV: Theorie des Atombaus. 2. Teil von *K. Bechert.* 170 Seiten, 14 Abbildungen. 1963. (1165/1165a)

Differentialgleichungen der Physik von *F. Sauter.* 4., durchgesehene und ergänzte Auflage. 148 Seiten, 16 Figuren. 1966. (1070)

Physikalische Formelsammlung von *G. Mahler. †.* Fortgeführt von *K. Mahler.* Neubearbeitet von *H. Graewe.* 11. Auflage. 167 Seiten, 69 Figuren. 1963. (136)

Physikalische Aufgabensammlung mit Ergebnissen von *G. Mahler †.* Fortgeführt von *K. Mahler.* Neubearbeitet von *H. Graewe.* 12. Auflage. 141 Seiten. 1964. (243)

Chemie

Geschichte der Chemie in kurzgefaßter Darstellung von *G. Lockemann.* 2 Bände. 2. Auflage.
I: Vom Altertum bis zur Entdeckung des Sauerstoffs. 142 Seiten, 8 Bildnisse. In Vorbereitung. (264)
II: Von der Entdeckung des Sauerstoffs bis zur Gegenwart. 151 Seiten, 16 Bildnisse. In Vorbereitung (265/265a)

Anorganische Chemie von *W. Klemm.* 13. Auflage. 255 Seiten, 34 Abbildungen. 1964. (37/37a)

Organische Chemie von *W. Schlenk jun.* 10., erweiterte Auflage. 273 Seiten, 16 Abbildungen. 1965. (38/38a)

Physikalische Methoden in der Organischen Chemie von *G. Kresze.* 2 Bände.
I: 119 Seiten, 65 Abbildungen. 1962. (44)
II: 164 Seiten. 1962. (45/45a)

Allgemeine und physikalische Chemie von *W. Schulze.* 2 Bände.
I: 6., verbesserte Auflage. 139 Seiten, 10 Figuren. 1964. (71)
II: 6., verbesserte Auflage. 178 Seiten, 37 Figuren. 1966. (698/698a)

Molekülbau. Theoretische Grundlagen und Methoden der Strukturermittlung von *W. Schulze.* 123 Seiten, 43 Figuren. 1958. (786)

Einfache Versuche zur allgemeinen und physikalischen Chemie von *E. Dehn.* 371 Versuche mit 40 Abbildungen. 272 Seiten. 1962. (1201/1201a)

Physikalisch-chemische Rechenaufgaben von *E. Asmus.* 3., verbesserte Auflage. 96 Seiten. 1958. (445)

Maßanalyse. Theorie und Praxis der klassischen und der elektrochemischen Titrierverfahren von *G. Jander* und *K. F. Jahr.* 10., erweiterte Auflage, mitbearbeitet von *H. Knoll.* 358 Seiten, 56 Figuren. 1963. (221/221a)

Qualitative Analyse von *H. Hofmann* u. *G. Jander*. 2., durchgesehene und verbesserte Auflage. 308 Seiten, 5 Abbildungen. 1963. (247/247 a)

Stöchiometrische Aufgabensammlung von *W. Bahrdt†* und *R. Scheer*. Mit den Ergebnissen. 8., durchgesehene Auflage. 119 Seiten. 1964. (452)

Elektrochemie von *K. Vetter*. 2 Bände.
I: In Vorbereitung. (252)
II: In Vorbereitung. (253)

Kristallchemie von *J. Zemann*. Etwa 160 Seiten, 90 Abbildungen. 1966. In Vorbereitung. (1220/1220a)

Technologie

Die Chemie der Kunststoffe von *K. Hamann*, unter Mitarbeit von *W. Funke* und *H. D. Hermann*. 2. Aufl. 143 Seiten. 1966. In Vorbereitung. (1173/1173a)

Warenkunde von *K. Hassak* und *E. Beutel†*. 2 Bände.
I: Anorganische Waren sowie Kohle und Erdöl. 8. Auflage. Neubearbeitet von *A. Kutzelnigg*. 119 Seiten, 18 Figuren. 1958. (222)
II: Organische Waren. 8. Auflage. Vollständig neu bearbeitet von *A. Kutzelnigg*. 157 Seiten, 32 Figuren. 1959. (223)

Die Fette und Öle von *Th. Klug*. 6., verbesserte Auflage. 143 Seiten. 1961. (335)

Die Seifenfabrikation von *K. Braun†*. 3., neubearbeitete und verbesserte Auflage von *Th. Klug*. 116 Seiten, 18 Abbildungen. 1953. (336)

Thermische Verfahrenstechnik von *H. Bock*. 3 Bände.
I: Eigenschaften und Verhalten der realen Stoffe. 164 Seiten, 28 Abbildungen. 1963. (1209/1209a)
II: Funktion und Berechnung der elementaren Geräte. 195 Seiten, 54 Abbildungen. 1964. (1210/1210a)
III: Fließbilder, ihre Funktion und ihr Zusammenbau aus Geräten. 224 Seiten. 67 Abbildungen. 1965. (1211/1211 a)

Textilindustrie von *A. Blümcke*.
I: Spinnerei und Zwirnerei. 111 Seiten, 43 Abbildungen. 1954. (184)

Biologie

Einführung in die allgemeine Biologie und ihre philosophischen Grund- und Grenzfragen von *M. Hartmann*. 2., unveränderte Auflage. 132 Seiten, 2 Abbildungen. 1965. (96)

Hormone von *G. Koller*. 2., neubearbeitete und erweiterte Auflage. 187 Seiten, 60 Abbildungen, 19 Tabellen. 1949. (1141)

Fortpflanzung im Tier- und Pflanzenreich von *J. Hämmerling*. 2., ergänzte Auflage. 135 Seiten. 101 Abbildungen. 1951. (1138)

Geschlecht und Geschlechtsbestimmung im Tier- und Pflanzenreich von *M. Hartmann*. 2., verbesserte Auflage. 116 Seiten, 61 Abbildungen, 7 Tabellen. 1951. (1127)

Symbiose der Tiere mit pflanzlichen Mikroorganismen von *P. Buchner*. 2., verbesserte und vermehrte Auflage. 130 Seiten, 121 Abbildungen. 1949. (1128)

Grundriß der allgemeinen Mikrobiologie von *W.* u. *A. Schwartz*. 2 Bände. 2., verbesserte und ergänzte Auflage.
I: 147 Seiten, 25 Abbildungen. 1960. (1155)
II: 142 Seiten, 29 Abbildungen. 1961. (1157)

Botanik

Entwicklungsgeschichte des Pflanzenreiches von *H. Heil*. 2. Auflage. 138 Seiten, 94 Abbildungen, 1 Tabelle. 1950. (1137)

Morphologie der Pflanzen von *L. Geitler*. 3., umgearbeitete Auflage. 126 Seiten, 114 Abbildungen. 1953. (141)

Pflanzengeographie von *L. Diels†*. 5., völlig neu bearbeitete Auflage von *F. Mattick*. 195 Seiten, 2 Karten. 1958. (389/389a)

Die Laubhölzer. Kurzgefaßte Beschreibung der in Mitteleuropa gedeihenden Laubbäume und Sträucher von *F. W. Neger†* und *E. Münch†*. 3., durchgesehene Auflage, herausgegeben von *B. Huber*. 143 Seiten, 63 Figuren, 7 Tabellen. 1950. (718)

Die Nadelhölzer (Koniferen) und übrigen Gymnospermen von *F. W. Neger†* und *E. Münch†*. 4. Auflage, durchgesehen und ergänzt von *B. Huber*. 140 Seiten, 75 Figuren, 4 Tabellen, 3 Karten. 1952. (355)

Pflanzenzüchtung von *H. Kuckuck*. 2 Bände.
I: Grundzüge der Pflanzenzüchtung. 3., völlig umgearbeitete und erweiterte Auflage. 132 Seiten, 22 Abbildungen. 1952. (1134)
II: Spezielle gartenbauliche Pflanzenzüchtung (Züchtung von Gemüse, Obst und Blumen). 178 Seiten, 27 Abbildungen. 1957. (1178/1178a)

Zoologie

Entwicklungsphysiologie der Tiere von *F. Seidel*. 2 Bände.
I: Ei und Furchung. 2. Auflage. Etwa 160 Seiten, 61 Abbildungen. 1966. (1162)
II: Körpergrundgestalt und Organbildung. 2. Auflage. In Vorbereitung (1163)

Vergleichende Physiologie der Tiere von *K. Herter*. 2 Bände. 4. Auflage der „Tierphysiologie".
I: Stoff- und Energiewechsel. Neu bearbeitet von *K. Urich*. 158 Seiten, 61 Abbildungen. 1966. (972/972a)
II: Bewegung und Reizerscheinungen. Neu bearbeitet von *G. Birukow*. In Vorbereitung. (973)

Das Tierreich
I: Einzeller, Protozoen von *E. Reichenow*. 115 Seiten. 59 Abbildungen. 1956. (444)
II: Schwämme und Hohltiere von *H. J. Hannemann*. 95 Seiten, 80 Abbildungen. 1956. (442)

III: Würmer. Platt-, Hohl-, Schnurwürmer, Kamptozoen, Ringelwürmer, Protracheaten, Bärtierchen, Zungenwürmer von *S. Jaeckel*. 114 Seiten, 36 Abbildungen. 1955. (439)
IV, 1: Krebse von *H. E. Gruner* und *K. Deckert*. 114 Seiten, 43 Abbildungen. 1956. (443)
IV, 2: Spinnentiere (Trilobitomorphen, Fühlerlose) und Tausendfüßler von *A. Kaestner*. 96 Seiten, 55 Abbildungen. 1955. (1161)
IV, 3: Insekten von *H. von Lengerken*. 2., verbesserte Auflage. 140 Seiten, 59 Abbildungen. 1966. (594)
V: Weichtiere. Urmollusken, Schnecken, Muscheln und Kopffüßer von *S. Jaeckel*. 92 Seiten. 34 Figuren. 1954. (440)
VI: Stachelhäuter. Tentakulaten, Binnenatmer und Pfeilwürmer von *S. Jaeckel*. 100 Seiten, 46 Abbildungen. 1955. (441)
VII, 1: Manteltiere, Schädellose, Rundmäuler von *Th. Haltenorth*. In Vorbereitung. (448)
VII, 2: Fische von *D. Lüdemann*. 130 Seiten, 65 Abbildungen. 1955. (356)
VII, 3: Lurche (Chordatiere) von *K. Herter*. 143 Seiten, 129 Abbildungen. 1955. (847)
VII, 4: Kriechtiere (Chordatiere) von *K. Herter*. 200 Seiten, 142 Abbildungen. 1960. (447/447 a)
VII, 5: Vögel (Chordatiere) von *H.-A. Freye*. 156 Seiten, 69 Figuren. 1960. (869)
VII, 6: Säugetiere (Chordatiere) von *Th. Haltenorth*. In Vorbereitung. (282)

Land- und Forstwirtschaft

Landwirtschaftliche Tierzucht. Die Züchtung und Haltung der landwirtschaftlichen Nutztiere von *H. Vogel*. 139 Seiten, 11 Abbildungen. 1952. (228)

Kulturtechnische Bodenverbesserungen von *O. Fauser*. 2 Bände. 5., verbesserte und vermehrte Auflage.
I: Allgemeines, Entwässerung. 127 Seiten, 49 Abbildungen. 1959. (691)
II: Bewässerung, Ödlandkultur, Flurbereinigung. 159 Seiten, 71 Abbildungen. 1961. (692)

Agrikulturchemie von *K. Scharrer*. 2 Bände.
I: Pflanzenernährung. 143 Seiten. 1953. (329)
II: Futtermittelkunde. 192 Seiten. 1956. (330/330 a)

Geologie, Mineralogie, Kristallographie

Geologie von *F. Lotze*. 3., verbesserte Auflage. 179 Seiten, 80 Abbildungen. 1965. (13/13 a)

Mineral- und Erzlagerstättenkunde von *H. Huttenlocher †*. 2 Bände. 2., neubearbeitete Auflage von *P. Ramdohr*.
I: 137 Seiten, 40 Abbildungen, 2 Tabellen. 1965. (1014/1014 a)
II: 135 Seiten, 41 Abbildungen. 1965. (1015/1015 a)

Allgemeine Mineralogie. 11., erweiterte Auflage der „Mineralogie" von *R. Brauns †*, neubearbeitet von *K. F. Chudoba*. 152 Seiten, 143 Textfiguren, 1 Tafel, 3 Tabellen. 1963. (29/29a)

Spezielle Mineralogie. 11., erweiterte Auflage der „Mineralogie" von *R. Brauns †*, bearbeitet von *K. F. Chudoba*. 193 Seiten, 127 Textfiguren, 6 Tabellen. 1964. (31/31a)

Petrographie (Gesteinskunde) von *W. Bruhns †*. Neubearbeitet von *P. Ramdohr* 6., erweiterte Auflage. Etwa 141 Seiten, 21 Figuren. 1966. (173)

Kristallchemie von *J. Zemann*. Etwa 160 Seiten, 90 Abbildungen. 1966. (1220/1220a)

Kristallographie von *W. Bruhns †*. 6. Auflage, neubearbeitet von *P. Ramdohr*. 115 Seiten, 164 Abbildungen. 1965. (210)

Einführung in die Kristalloptik von *E. Buchwald*. 5., verbesserte Auflage. 128 Seiten, 117 Figuren. 1963. (619/619a)

Lötrohrprobierkunde. Mineraldiagnose mit Lötrohr und Tüpfelreaktion von *M. Henglein*. 4., durchgesehene und erweiterte Auflage. 108 Seiten, 12 Figuren. 1962. (483)

Technik

Graphische Darstellung in Wissenschaft und Technik von *M. Pirani*. 3., erweiterte Auflage bearbeitet von *J. Fischer* unter Benutzung der von *I. Runge* besorgten 2. Auflage. 216 Seiten, 104 Abbildungen. 1957. (728/728a)

Technische Tabellen und Formeln von *W. Müller*. 5., verbesserte und erweiterte Auflage von *E. Schulze*. 165 Seiten, 114 Abbildungen, 99 Tafeln. 1962. (579)

Einführung in die Arbeitswissenschaft von *H. H. Hilf*. 164 Seiten, 57 Abbildungen. 1964. (1212/1212a)

Grundlagen der Straßenverkehrstechnik. Theorie der Leistungsfähigkeit von *E. Engel*. 101 Seiten, 55 Abbildungen. 1962. (1198)

Elektrotechnik

Grundlagen der allgemeinen Elektrotechnik von *O. Mohr*. 3. Auflage. 260 Seiten, 136 Bilder, 14 Tafeln. 1965. (196/196a)

Die Gleichstrommaschine von *K. Humburg*. 2 Bände. 2., durchgesehene Auflage.
I: 102 Seiten, 59 Abbildungen. 1956. (257)
II: 101 Seiten, 38 Abbildungen. 1956. (881)

Die Synchronmaschine von *W. Putz*. 92 Seiten, 64 Bilder. 1962. (1146)

Induktionsmaschinen von *F. Unger*. 2., erweiterte Auflage. 142 Seiten, 49 Abbildungen. 1954. (1140)

Die komplexe Berechnung von Wechselstromschaltungen von *H. H. Meinke*. 3., neubearb. Aufl. 185 S., 126 Abb. 1965. (1156/1156a)

Theoretische Grundlagen zur Berechnung der Schaltgeräte von *F. Kesselring*. 4. Auflage. In Vorbereitung. (711)

Einführung in die Technik selbsttätiger Regelungen von *W. zur Megede*. 3., durchgesehene Aufl. 180 S., 86 Abb. 1966. In Vorb. (714/714a)

Elektromotorische Antriebe (Grundlagen für die Berechnung) von *A. Schwaiger*. 4., neubearbeitete Auflage. In Vorbereitung. (827)

Überspannungen und Überspannungsschutz von *G. Frühauf*. Durchgesehener Neudruck. 122 Seiten, 98 Abbildungen. 1950. (1132)

Elektrische Höchstspannungs-Schaltanlagen. Für Freiluft und Innenanordnung von *G. Meiners* und *K.-H. Wiesenewsky*. 138 Seiten, 58 Abbildungen. 1964. (796/796a)

Transformatoren von *W. Schäfer*. 4., überarbeitete und ergänzte Auflage. 130 Seiten, 73 Abbildungen. 1962. (952)

Maschinenbau

Thermische Verfahrenstechnik von *H. Bock*. 3 Bände.
I: Eigenschaften und Verhalten der realen Stoffe. 164 Seiten, 28 Abbildungen. 1963. (1209/1209a)
II: Funktion und Berechnung der elementaren Geräte. 195 Seiten, 54 Abbildungen. 1964. (1210/1210a)
III: Fließbilder, ihre Funktion und ihr Zusammenbau aus Geräten. 224 Seiten, 67 Abbildungen. 1965. (1211/1211a)

Technische Thermodynamik von *U. Grigull*. Mit 74 Abbildungen, 7 Tabellen. 1966. In Vorbereitung (1084/1084a)

Metallkunde von *H. Borchers.* 3 Bände.
I: Aufbau der Metalle und Legierungen. 6. Auflage. 120 Seiten, 90 Abbildungen, 2 Tabellen. 1964. (432)
II: Eigenschaften, Grundzüge der Form- und Zustandsgebung. 5., ergänzte und durchgesehene Auflage. 182 Seiten, 107 Abbildungen, 10 Tabellen. 1963. (433/433a)
III: Die metallkundlichen Untersuchungsmethoden von *E. Hanke.* In Vorbereitung (434)

Die Werkstoffe des Maschinenbaues von *A. Thum †* und *C. M. v. Meysenbug.* 2 Bände.
I: Einführung in die Werkstoffprüfung. 2., neubearbeitete Auflage. 100 Seiten, 7 Tabellen, 56 Abbildungen. 1956. (476)
II: Die Konstruktionswerkstoffe. 132 Seiten, 40 Abbildungen. 1959. (936)

Dynamik von *W. Müller.* 2 Bände. 2., verbesserte Auflage.
I: Dynamik des Einzelkörpers. 128 Seiten, 48 Figuren. 1952. (902)
II: Systeme von starren Körpern. 102 Seiten, 41 Figuren. 1952. (903)

Technische Schwingungslehre von *L. Zipperer.* 2 Bände. 2., neubearbeitete Auflage.
I: Allgemeine Schwingungsgleichungen, einfache Schwinger. 120 Seiten, 101 Abbildungen. 1953. (953)
II: Torsionsschwingungen in Maschinenanlagen. 102 Seiten, 59 Abbildungen. 1955. (961/961a)

Werkzeugmaschinen für Metallbearbeitung von *K. P. Matthes.* 2 Bände.
I: 100 Seiten, 27 Abbildungen, 11 Zahlentafeln, 1 Tafelanhang. 1954. (561)
II: Fertigungstechnische Grundlagen der neuzeitlichen Metallbearbeitung. 101 Seiten, 30 Abbildungen, 5 Tafeln. 1955. (562)

Das Maschinenzeichnen mit Einführung in das Konstruieren von *W. Tochtermann.* 2 Bände. 4. Auflage.
I: Das Maschinenzeichnen. 156 Seiten, 75 Tafeln. 1950. (589)
II: Ausgeführte Konstruktionsbeispiele. 130 Seiten, 58 Tafeln. 1950. (590)

Die Maschinenelemente von *E. A. vom Ende †.* 4., überarbeitete Auflage. 184 Seiten, 179 Figuren, 11 Tafeln. 1963. (3/3a)

Die Maschinen der Eisenhüttenwerke von *L. Engel.* 156 Seiten, 95 Abbildungen. 1957. (583/583a)

Walzwerke von *H. Sedlaczek †* unter Mitarbeit von *F. Fischer* und *M. Buch.* 232 Seiten, 157 Abbildungen. 1958. (580/580a)

Getriebelehre von *P. Grodzinski †.* 2 Bände. 3., neubearbeitete Auflage von *G. Lechner.*
I: Geometrische Grundlagen. 164 S., 131 Fig. 1960. (1061)
II: Angewandte Getriebelehre. In Vorbereitung. (1062)

Kinematik von *H. R. Müller.* 171 Seiten, 75 Figuren. 1963. (584/584a)

Gießereitechnik von *H. Jungbluth.* 2 Bände.
I: Eisengießerei. 126 Seiten, 44 Abbildungen. 1951. (1159)

Die **Dampfkessel** einschließlich Feuerungen und Hilfseinrichtungen. Physikalische und chemische Grundlagen, Berechnung und Konstruktion, Vorschriften und Beispiele von *W. Marcard*. 3., neubearbeitete Auflage von *G. Beyer*. 2 Bände.
- I: Physikalische und chemische Grundlagen, Wärmelehre, Wärmeübertragung, Verbrennung. 133 Seiten, 35 Bilder, 26 Tabellen. 1964. (9/9a)
- II: Berechnung und Konstruktion, Dampfkessel, Hilfseinrichtungen. Feuerungen, Berechnungen. Etwa 120 Seiten, 45 Bilder. 1966. (521/521a)

Die **Dampfturbinen.** Ihre Wirkungsweise, Berechnung und Konstruktion von *C. Zietemann*. 3 Bände.
- I: Theorie der Dampfturbinen. 4. Auflage. 139 Seiten, 48 Abbildungen. 1966. In Vorbereitung. (274)
- II: Die Berechnung der Dampfturbinen und die Konstruktion der Einzelteile. 4., verbesserte Auflage. 132 Seiten, 111 Abbildungen. 1966. In Vorbereitung. (715)
- III: Die Regelung der Dampfturbinen, die Bauarten, Turbinen für Sonderzwecke, Kondensationsanlagen. 3., verbesserte Auflage. 126 Seiten, 90 Abbildungen. 1956. (716)

Verbrennungsmotoren von *W. Endres*. 3 Bände.
- I: Überblick. Motor-Brennstoffe. Verbrennung im Motor allgemein, im Otto- und Diesel-Motor. 153 Seiten, 57 Abbildungen. 1958. (1076, 1076a)
- II: Gaswechselvorgang. Aufladen. Leistung, mittl. Druck, Reibung. Wirkungsgrade und Kraftstoffverbrauch. Etwa 170 Seiten, 61 Abbildungen. 1966. (1184/1184a)
- III: Die Einzelteile des Verbrennungsmotors. In Vorbereitung. (1185/1185a)

Autogenes Schweißen und Schneiden von *H. Niese*. 5. Auflage, neubearbeitet von *A. Küchler*. 136 Seiten, 71 Figuren. 1953. (499)

Die **elektrischen Schweißverfahren** von *H. Niese*. 2. Auflage, neubearbeitet von *H. Dienst*. 136 Seiten, 58 Abbildungen. 1955. (1020)

Die **Hebezeuge.** Entwurf von Winden und Kranen von *G. Tafel*. 2., verbesserte Auflage. 176 Seiten, 230 Figuren. 1954. (414/414a)

Vermessungswesen

Vermessungskunde von *W. Großmann*. 3 Bände.
- I: Stückvermessung und Nivellieren. 12., verbesserte Auflage. 156 Seiten, 122 Figuren. 1965. (468)
- II: Horizontalaufnahmen und ebene Rechnungen. 9., verbesserte Auflage. 136 Seiten, 101 Figuren. 1963. (469)
- III: Trigonometrische und barometrische Höhenmessung. Tachymetrie und Absteckungen. 8., verbesserte Auflage. 140 Seiten, 102 Figuren. 1965. (862)

Kartographie von *V. Heissler*. 2. Auflage. 213 Seiten, 125 Abb., 8 Anlagen. 1966. (30/30a)

Photogrammetrie von *G. Lehmann*. 2., verbesserte und erweiterte Auflage. 205 Seiten, 136 Abbildungen. 1966. (1188/1188a)

Wasserbau

Wasserkraftanlagen von *A. Ludin* unter Mitarbeit von *W. Borkenstein.* 2 Bände.
I: Planung, Grundlagen und Grundzüge. 124 Seiten, 60 Abbildungen. 1955. (665)
II: Anordnung und Ausbildung der Hauptbauwerke. 184 Seiten, 91 Abbildungen. 1958. (666/666a)

Verkehrswasserbau von *H. Dehnert.* 3 Bände.
I: Entwurfsgrundlagen, Flußregelungen. 103 Seiten, 53 Abbildungen. 1950. (585)
II: Flußkanalisierung und Schiffahrtskanäle. 94 Seiten, 60 Abbildungen. 1950. (597)
III: Schleusen und Hebewerke. 98 Seiten, 70 Abbildungen. 1950. (1152)

Wehr- und Stauanlagen von *H. Dehnert.* 134 Seiten, 90 Abbildungen. 1952. (965)

Talsperren von *F. Tölke.* 122 Seiten, 70 Abbildungen. 1953. (1044)

Hoch- und Tiefbau

Die wichtigsten Baustoffe des Hoch- und Tiefbaus von *O. Graf †.* 4., verbesserte Auflage. 131 Seiten, 63 Abbildungen. 1953. (984)

Baustoffverarbeitung und Baustellenprüfung des Betons von *A. Kleinlogel.* 2., neubearbeitete und erweiterte Auflage. 126 Seiten, 35 Abbildungen. 1951. (978)

Festigkeitslehre. 2 Bände.
I: Elastizität, Plastizität und Festigkeit der Baustoffe und Bauteile von *W. Gehler †* und *W. Herberg.* Durchgesehener und erweiterter Neudruck. 159 Seiten, 118 Abbildungen. 1952. (1144)
II: Formänderung, Platten, Stabilität und Bruchhypothesen von *W. Herberg* und *N. Dimitrov.* 187 Seiten, 94 Abbildungen. 1955. (1145/1145a)

Grundlagen des Stahlbetonbaues von *A. Troche.* 2., neubearbeitete und erweiterte Auflage. 208 Seiten, 75 Abbildungen, 17 Bemessungstafeln, 20 Rechenbeispiele. 1953. (1078)

Statik der Baukonstruktionen von *A. Teichmann.* 3 Bände.
I: Grundlagen. 101 Seiten, 51 Abbildungen, 8 Formeltafeln. 1956. (119)
II: Statisch bestimmte Stabwerke. 107 Seiten, 52 Abbildungen, 7 Tafeln. 1957. (120)
III: Statisch unbestimmte Systeme. 112 Seiten, 34 Abbildungen, 7 Formeltafeln. 1958. (122)

Fenster, Türen, Tore aus Holz und Metall. Eine Anleitung zu ihrer guten Gestaltung, wirtschaftlichen Bemessung und handwerksgerechten Konstruktion von *W. Wickop †.* 5. Auflage geplant. (1092)

TECHNIK

Heizung und Lüftung von *W. Körting*. 2 Bände. 9., neubearbeitete Auflage.
I: Das Wesen und die Berechnung der Heizungs- und Lüftungsanlagen. 171 Seiten, 29 Abbildungen, 36 Zahlentafeln. 1962. (342/342a)
II: Die Ausführung der Heizungs- und Lüftungsanlagen. 1966. In Vorbereitung. (343)

Industrielle Kraft- und Wärmewirtschaft von *F. A. F. Schmidt* und *A. Beckers*. 167 Seiten, 73 Abbildungen. 1957. (318/318a)

Sammlung Göschen / Bandnummernfolge

1 Langosch, Der Nibelunge Nôt
3/3a v. Ende, Maschinenelemente
9/9a Marcard-Beyer, Dampfkessel I
10 Jiriczek-Wisniewski, Kudrun und Dietrich-Epen
13/13a Lotze, Geologie
18 Maurer, Hartmann von Aue, Der arme Heinrich
19 Altheim, Römische Geschichte I
20 Hofstaetter, Dt. Sprachlehre
22 Maurer, Gottfried von Strassburg
29/29a Brauns-Chudoba, Allgemeine Mineralogie
30/30a Heissler, Kartographie
31/31a Brauns-Chudoba, Spezielle Mineralogie
32 Schneider-Wisniewski, Deutsche Heldensage
35 Treue, Dt. Geschichte von 1648—1740
37/37a Klemm, Anorganische Chemie
38/38a Schlenk, Organische Chemie
39 Treue, Dt. Geschichte von 1713—1806
42 Behn-Hoernes, Vorgeschichte Europas
44 Kresze, Physikalische Methoden in der Organischen Chemie I
45/45a Kresze, Physikalische Methoden in der Organischen Chemie II
47 Fischer-Rohrbach, Arithmetik
51/51a Ringleb, Mathem. Formelsammlung
52 Bieler, Röm. Literaturgesch. I
59 Krahe, Indog. Sprachwiss. I
60 Biehle, Stimmkunde
61 Biehle, Redetechnik
64 Krahe, Indog. Sprachwiss. II
65/65a Grotemeyer, Analyt. Geometrie
66 Berneker-Vasmer, Russische Grammatik
70 Nestle-Liebich, Gesch. d. griechischen Literatur I
71 Schulze, Allgemeine und physikalische Chemie I
76 Döring, Einf. i. d. th. Physik I
77 Döring, Einf. i. d. th. Physik II
78 Döring, Einf. i. d. th. Physik III
79/79a Hempel, Got. Elementarbuch
80 Weigert, Stilkunde I
81 Schubert-Haussner-Erlebach Vierstell. Logarithmentafeln
86 Barner, Differential- u. Integralrechnung I
96 Hartmann, Einf. in die allgem. Biologie

99 Hessenberg-Kneser, Ebene und sphär. Trigonometrie
101 v. Wiese, Soziologie
103 Dahrendorf, Industrie- und Betriebssoziologie
104/104a Hofstätter, Sozialpsychologie
111 Hoffmann-Debrunner, Gesch. der griechischen Sprache I
114 Debrunner, Gesch. der griechischen Sprache II
117 Brandenstein, Griechische Sprachwissenschaft I
118/118a Brandenstein, Griechische Sprachwissenschaft II
119 Teichmann, Statik der Baukonstruktionen I
120 Teichmann, Statik der Baukonstruktionen II
122 Teichmann, Statik der Baukonstruktionen III
128/128a Lausberg, Romanische Sprachwissenschaft I
136 Mahler-Graewe, Physikal. Formelsammlung
141 Geitler, Morphologie der Pflanzen
142 Haack, Darst. Geometrie I
143 Haack, Darst. Geometrie II
144 Haack, Darst. Geometrie III
145/145a Weimer, Gesch. der Pädagogik
148 Kolms, Finanzwissenschaft I
156/156a Landmann, Philosophische Anthropologie
170 Oehlmann, Musik des 19. Jhs.
171/171a Oehlmann, Musik des 20. Jhs.
173 Bruhns-Ramdohr, Petrographie
174 Schlingloff, Religion des Buddhismus I
180 Böhm, Versicherungsmathematik I
184 Blümcke, Textilindustrie I
196/196a Mohr, Grundlagen der allgem. Elektrotechnik
200/200a Gottschald, Dt. Rechtschreibungswörterbuch
210 Bruhns-Ramdohr, Kristallographie
220/220a Moser, Allg. Musiklehre
221/221a Jander-Jahr-Knoll, Maßanalyse
222 Hassak-Beutel-Kutzelnigg, Warenkunde I
223 Hassak-Beutel-Kutzelnigg, Warenkunde II
226/226a Hofmann, Gesch. der Mathematik I
228 Vogel, Landw. Tierzucht
231/231a Ehrlich, Gesch. Israels
238 Krahe, Germ. Sprachwiss. I
243 Mahler-Graewe, Physikal. Aufgabensammlung
247/247a Hofmann-Jander, Qualitative Analyse
250 Lausberg, Romanische Sprachwissenschaft II
252 Vetter, Elektrochemie I
253 Vetter, Elektrochemie II
257 Humburg, Gleichstrommaschine I
264 Lockemann, Gesch. der Chemie I
265/265a Lockemann, Geschichte der Chemie II
270 Kirn, Einführung in die Geschichtswissenschaft
274 Zietemann, Dampfturbinen I
279 Jacob-Hohenleutner, Quellenkunde der deutschen Geschichte I
280 Jacob-Hohenleutner, Quellenkunde der deutschen Geschichte II
281 Leisegang, Einführung in die Philosophie
282 Haltenorth, Säugetiere
284 Jacob-Weden, Quellenkunde der deutschen Geschichte III
318/318a Schmidt-Beckers, Industrielle Kraft- u. Wärmewirtschaft
319 Krug, Australien und Ozeanien
329 Scharrer, Agrikulturchemie I
330/330a Scharrer, Agrikulturchemie II
335 Klug, Fette und Öle
336 Braun-Klug, Seifenfabrikation
342/342a Körting, Heizung und Lüftung I

343 Körting, Heizung und Lüftung II
344 Moser, Musikästhetik
354/354a Valentiner-König, Vektoren und Matrizen
355 Neger-Münch-Huber, Nadelhölzer
356 Lüdemann, Fische
374 Döring, Einf. i. d. th. Physik IV
375 Preller, Geschichte Englands I
389/389a Diels-Mattick, Pflanzengeographie
391 Kolms, Finanzwissenschaft II
394/394a Schilling, Von der Renaissance bis Kant
414/414a Tafel, Hebezeuge
422 Gottschald, Dt. Personennamen
423 Adler-Erlebach, Fünfstellige Logarithmen
432 Borchers, Metallkunde I
433/433a Borchers, Metallkunde II
434 Borchers-Hanke, Metallkunde III
435 Burau, Algebr. Kurven u. Flächen I
436/436a Burau, Algebr. Kurven und Flächen II
439 Jaeckel, Würmer
440 Jaeckel, Weichtiere
441 Jaeckel, Stachelhäuter
442 Hannemann, Schwämme und Hohltiere
443 Gruner-Deckert, Krebse
444 Reichenow Einzeller
445 Asmus, Physikal.-chem. Rechenaufgaben
447/447a Herter, Kriechtiere
448 Haltenorth, Manteltiere
452 Bahrdt-Scheer, Stöchiometrische Aufgabensammlung
468 Großmann, Vermessungskunde I
469 Großmann, Vermessungskunde II
476 Thum-Meysenbug, Die Werkstoffe des Maschinenbaues I
483 Henglein, Lötrohrprobierkunde
492/492a Stolz-Debrunner-Schmid Geschichte der lateinischen Sprache
499 Niese-Küchler, Autogenes Schweißen
500 Simmel, Hauptprobleme der Philosophie
521/521a Marcard-Beyer, Dampfkessel II
536 Lehmann, Kant
538 Rumpf, Archäologie I
539 Rumpf, Archäologie II
540 Rumpf, Archäologie III
557 Nestle-Liebich, Gesch. der griech. Literatur II
561 Matthes, Werkzeugmaschinen I
562 Matthes, Werkzeugmaschinen II
564 Behn-Hoernes, Kultur der Urzeit I
565 Behn-Hoernes, Kultur der Urzeit II
566 Behn-Hoernes, Kultur der Urzeit III
571 Lehmann, Philosophie des 19. Jahrhunderts I
576/576a Moser, Gesangskunst
579 Müller-Schulze, Techn. Tabellen
580/580a Sedlaczek-Fischer-Buch, Walzwerke
583/583a Engel, Maschinen der Eisenhüttenwerke
584/584a Müller, Kinematik
585 Dehnert, Verkehrswasserbau I
587 Kalitsunakis-Steinmetz, Neugriech.-dt. Gesprächsbuch
589 Tochtermann, Maschinenzeichnen I
590 Tochtermann, Maschinenzeichnen II
594 v. Lengerken, Insekten
597 Dehnert, Verkehrswasserbau II
601 Mutschmann-Scherer, Engl. Phonetik
608/608a/608b Erman-Krückmann, Hieroglyphen
619/619a Buchwald, Kristalloptik
665 Ludin-Borkenstein, Wasserkraftanlagen I
666/666a Ludin-Borkenstein, Wasserkraftanlagen II

668 Knopp, Funktionentheorie I
677 Altheim, Röm. Geschichte II
679 Altheim, Röm. Geschichte III
684 Altheim, Röm. Geschichte IV
691 Fauser, Kulturtechn. Bodenverbesserungen I
692 Fauser, Kulturtechn. Bodenverbesserungen II
698/698a Schulze Allgemeine u. physikalische Chemie II
703 Knopp, Funktionentheorie II
708/708a/708b Meissner-Oberhuber, Keilschrift
709 Lehmann, Philosophie des 19 Jahrhunderts II
711 Kesselring, Berechnung der Schaltgeräte
714/714a zur Megede, Technik selbsttätiger Regelungen
715 Zietemann, Dampfturbinen II
716 Zietemann, Dampfturbinen III
718 Neger-Münch-Huber, Laubhölzer
728/728a Pirani-Fischer-Runge, Graph. Darstellung in Wissenschaft u. Technik
735 Ekwall, Historische neuengl. Laut- und Formenlehre
746/746a Pfanzagl, Allg. Methodenlehre der Statistik I
747/747a Pfanzagl, Allg. Methodenlehre der Statistik II
756/756a Kalitsunakis, Gramm. d. Neugriech. Volksspr.
763/763a/763b Meyer, Hebräische Grammatik I
764/764a/764b Meyer, Hebräische Grammatik II
765/765a/765b Meyer, Hebräische Grammatik III
768/768a Bieberbach, Einführung in die konforme Abbildung
769/769a Beer-Meyer, Hebräisches Textbuch
770 Schlingloff, Religion des Buddhismus II
776 Kolms, Finanzwissensch. III
780 Krahe, Germ. Sprachwiss. II
781 Weigert Stilkunde II
782/782a Kolms, Finanzwissenschaft IV
786 Schulze, Molekülbau
796/796a Meiners-Wiesenewsky, Elektr. Höchstspannungs-Schaltanlagen
807 Kropp, Erkenntnistheorie
809 Moser Harmonielehre I
810 Moser Harmonielehre II
826 Koch, Philosophie d. Mittelalters
827 Schwaiger, Elektromotorische Antriebe
831 Erismann, Allg. Psychologie I
832/832a Erismann, Allg. Psychologie II
833 Erismann, Allg. Psychologie III
834/834a Erismann, Allg. Psychologie IV
837/837a Baumgartner, Gruppentheorie
845 Lehmann, Philosophie im ersten Drittel des 20. Jhs. I
847 Herter, Lurche
850 Lehmann, Philosophie im ersten Drittel des 20 Jhs. II
851/851a Moede, Psychologie des Berufs- und Wirtschaftslebens
857 Capelle, Griech. Philosophie I
858 Capelle, Griech. Philos. II
859 Capelle, Griech. Philos. III
862 Großmann, Vermessungskunde III
863 Capelle, Griech. Philos. IV
866 Bieler, Röm. Literaturgeschichte II
869 Freye, Vögel
875 Hofmann, Geschichte der Mathematik II
877 Knopp, Aufgabensammlung zur Funktionentheorie I
878 Knopp, Aufgabensammlung zur Funktionentheorie II
881 Humburg, Gleichstrommaschine II
882 Hofmann, Geschichte der Mathematik III
883 Stuloff, Mathematik der neuesten Zeit

893 Treue, Dt. Geschichte von 1806—1890
894 Treue, Dt. Geschichte von 1890 bis zur Gegenwart
902 Müller, Dynamik I
903 Müller, Dynamik II
910 Jaeger, Afrika I
911 Jaeger, Afrika II
915 Sperber-v. Polenz, Gesch. der Deutschen Sprache
917/917a Böhm, Versicherungsmathematik II
920/920a Hoheisel, Gewöhnliche Differentialgleichungen
921 Jantzen-Kolb, W. v. Eschenbach. Parzival
924/924a Brandenstein, Griechische Sprachwissenschaft III
929 Schirmer-Mitzka, Dt. Wortkunde
930 Krull, Elementare und klassische Algebra I
931 Hasse, Höhere Algebra I
932 Hasse, Höhere Algebra II
933 Krull, Elementare und klassische Algebra II
936 Thum-Meysenbug, Werkstoffe d. Maschinenbaues II
942/942a Damerau, Polnische Grammatik
952 Schäfer, Transformatoren
953 Zipperer, Techn. Schwingungslehre I
961/961a Zipperer, Techn. Schwingungslehre II
965 Dehnert, Wehr- und Stauanlagen
970/970a Baldus-Löbell, Nichteuklidische Geometrie
972/972a Herter-Urich, Vergleichende Physiologie der Tiere I
973 Herter-Birukow, Vergleichende Physiologie der Tiere II
978 Kleinlogel, Baustoffverarbeitung und Baustellenprüfung d. Betons
984 Graf, Baustoffe des Hoch- und Tiefbaues
999/999a Kamke, Mengenlehre
1000 Jaspers, Geistige Situat. der Zeit
1003 Hoheisel, Partielle Differentialgleichung
1008/1008a Mellerowicz, Allgem. Betriebswirtschaftslehre I
1009 Bechert-Gerthsen-Flammersfeld, Atomphysik I
1014/1014a Huttenlocher-Ramdohr, Mineral- und Erzlagerstättenkunde I
1015/1015a Huttenlocher-Ramdohr, Mineral- u. Erzlagerstättenkunde II
1017 Döring, Einf. i. d. th. Physik V
1020 Niese-Dienst, Elektrische Schweißverfahren
1031/1031a Apel-Ludz, Philosophisches Wörterbuch
1033 Bechert-Gerthsen-Flammersfeld, Atomphysik II
1034 Kranefeldt-Jung Therapeutische Psychologie
1035 Altheim, Röm. Religionsgeschichte I
1039 Dovifat, Zeitungslehre I
1040 Dovifat, Zeitungslehre II
1044 Tölke, Talsperren
1045 Schubert, Technik des Klavierspiels
1051/1051a Stolberg-Wernigerode, Gesch. d. Vereinigten Staaten
1052 Altheim, Röm. Religionsgeschichte II
1059/1059a Hoheisel, Aufgabenslg. z. d. gew. u. part. Differentialgleichungen
1061 Grodzinski-Lechner, Getriebelehre I
1062 Grodzinski-Lechner, Getriebelehre II
1065 Haller-Dannenbauer, Von d. Karolingern zu den Staufern
1070 Sauter, Differentialgleichungen der Physik
1074 Koschmieder, Variationsrechnung I
1075 Koschmieder, Variationsrechnung II
1076/1076a Endres, Verbrennungsmotoren I

1077 Haller-Dannenbauer, Von den Staufern zu den Habsburgern
1078 Troche, Stahlbetonbau
1082 Hasse-Klobe, Aufgabensammlung zur höheren Algebra
1084/1084a Grigull, Techn. Thermodynamik
1085 Lietzmann-Aland, Zeitrechnung
1086 Müller, Dt. Dichten und Denken
1088 Preller, Gesch. Englands II
1092 Wickop, Fenster, Türen, Tore
1094 Hernried, System, Modulation
1096 Viëtor, Dt. Dichten und Denken
1099 Hoheisel, Integralgleichungen
1105 Hartung, Dt. Geschichte im Zeitalter der Reformation
1108 de Boor-Wisniewski, Mittelhochdeutsche Grammatik
1109 Knopp, Elemente der Funktionentheorie
1111/1111a Naumann-Betz, Althochdt. Elementarbuch
1113/1113a Strubecker, Differentialgeometrie I
1114 Schubel, Engl. Literaturgeschichte I
1115/1115a Ranke-Hofmann, Altnord. Elementarbuch
1116 Schubel, Engl. Literaturgeschichte II
1117 Haller-Dannenbauer, Eintritt der Germanen in die Geschichte
1121 Naumann, Dt. Dichten u. Denken
1122 Feist, Sprechen und Sprachpflege
1123/1123a Bechert-Gerthsen-Flammersfeld, Atomphysik III
1124 Schubel, Engl. Literaturgeschichte III
1125 Lehnert, Altengl. Elementarbuch
1127 Hartmann, Geschlecht u. Geschlechtsbestimmung im Tier- und Pflanzenreich
1128 Buchner, Symbiose d. Tiere
1130 Dibelius-Kümmel, Jesus
1131 Scholz-Schoeneberg, Einführung in die Zahlentheorie
1132 Frühauf, Überspannungen
1134 Kuckuck, Pflanzenzüchtung I
1135 Lehnert, Beowulf
1137 Heil, Entwicklungsgesch. d. Pflanzenreiches
1138 Hämmerling, Fortpflanzung im Tier- und Pflanzenreich
1140 Unger, Induktionsmaschine
1141 Koller, Hormone
1142 Meissner-Lehnert, Shakespeare
1144 Gehler-Herberg, Festigkeitslehre I
1145/1145a Herberg-Dimitrov, Festigkeitslehre II
1146 Putz, Synchronmaschine
1147 v. Waltershausen, Kunst d. Dirigierens
1148 Pepping, Der polyphone Satz I
1152 Dehnert, Verkehrswasserbau III
1153/1153a Mellerowicz, Allgem. Betriebswirtschaftslehre II
1154/1154a Mellerowicz, Allgem. Betriebswirtschaftslehre III
1155 Schwartz, Mikrobiologie I
1156/1156a Meinke, Komplexe Berechnungen v. Wechselstromschaltungen
1157 Schwartz, Mikrobiologie II
1158/1158a Mayrhofer, Sanskrit-Grammatik
1159 Jungbluth, Gießereitechnik I
1160 Dibelius-Kümmel, Paulus
1161 Kaestner, Spinnentiere
1162 Seidel, Entwicklungsphysiologie der Tiere I
1163 Seidel, Entwicklungsphysiologie der Tiere II
1164/1164a Pepping, Der polyphone Satz II

1165/1165a Bechert-Gerthsen-Flammersfeld. Atomphysik IV
1169 Paulsen, Allgemeine Volkswirtschaftslehre I
1170 Paulsen, Allgemeine Volkswirtschaftslehre II
1171 Paulsen, Allgemeine Volkswirtschaftslehre III
1172 Paulsen, Allgemeine Volkswirtschaftslehre IV
1173/1173a Hamann-Funke-Hermann, Chemie der Kunststoffe
1176/1176a Lorenzen, Form. Logik
1178/1178a Kuckuck, Pflanzenzüchtung II
1179/1179a Strubecker Differentialgeometrie II
1180/1180a Strubecker. Differentialgeometrie III
1181 Franz, Topologie I
1182/1182a Franz, Topologie II
1183/1183a Nicolas, Finanzmathematik
1184/1184a Endres, Verbrennungsmotoren II
1185/1185a Endres, Verbrennungsmotoren III
1186/1186a Mellerowicz, Allgem. Betriebswirtschaftslehre IV
1187 Lau, Luther
1188/1188a Lehmann, Photogrammetrie
1189/1189a Päsler, Mechanik
1190 Stupperich. Melanchthon
1191/1191a Bräuer, Slav. Sprachwissenschaft I
1193 Fürstenberg, Wirtschaftssoziologie
1194 Wendt, Gesch. d. Volkswirtschaftslehre
1195 Ohm Allgem. Volkswirtschaftspolitik I
1196 Ohm, Allgem. Volkswirtschaftspolitik II
1197/1197a Onasch, Einf. in die Konfessionskunde der orthodoxen Kirchen
1198 Engel, Straßenverkehrstechnik
1199 Lausberg, Romanische Sprachwissenschaft III, 1. Teil
1200/1200a Lausberg, Romanische Sprachwissenschaft III, 2. Teil
1201/1201a Dehn, Versuche zur allgem. u. phys. Chemie
1202/1202a Nagel, Gesch. des christl. Gottesdienstes
1203 Wendland, Sozialethik
1204 Scheurig, Zeitgeschichte
1205/1205a Hofmann Ideengeschichte d. soz. Bewegung
1206/1206a Langen Lineare Programmierung
1208 Lausberg, Romanische Sprachwissenschaft IV
1209/1209a Bock, Therm. Verfahrenstechnik I
1210/1210a Bock. Therm. Verfahrenstechnik II
1211/1211a Bock, Therm. Verfahrenstechnik III
1212/1212a Hilf, Arbeitswissenschaft
1213/1213a Kosiol, Buchhaltung und Bilanz
1216/1216a Bauer, Wahrscheinlichkeitstheorie I
1217 Bauer, Wahrscheinlichkeitstheorie II
1218/1218a/1218b Meid, Germ. Sprachwiss. III
1219 Schmidt-Clausing, Zwingli
1220/1220a Zemann, Kristallchemie
1221 Gerdes, Kierkegaard
1222 Tschižewskij, Slav. Literaturen I
1223 Tschižewskij, Slav. Literaturen II

Autorenregister

Adler 12
Aland 6
Altheim 4, 7
Apel 3
Asmus 15

Bahrdt 16
Baldus 13
Barner 13
Bauer 14
Baumgartner 13
Bechert 15
Beckers 24
Beer 10
Behn 6
Berneker 10
Betz 8
Beutel 16
Beyer 22
Bieberbach 14
Biehle 7
Bieler 9
Birukow 17
Blümcke 16
Bock 16, 20
Böhm 14
de Boor 8
Borchers 21
Borkenstein 23
Bräuer 10
Brandenstein 9
Braun 16
Brauns 19
Bruhns 19
Buch 21
Buchner 17
Buchwald 19
Burau 12

Capelle 3
Chudoba 19

Dahrendorf 4, 11
Damerau 10
Dannenbauer 6
Debrunner 9
Deckert 18
Dehn 15
Dehnert 23
Dibelius 4
Diels 17
Dienst 22
Dimitrov 23
Döring 14
Dovifat 11

Ehrlich 4
Ekwall 8
Ende, vom 21
Endres 22
Engel, E. 20
Engel, L. 21
Erismann 4
Erlebach 12
Erman 9

Fauser 18
Feist 7
Fischer, F. 21
Fischer, J. 20
Fischer, P. B. 12
Flammersfeld 15
Franz 13
Freye 18
Frühauf 20
Fürstenberg 4, 11
Funke 16

Gehler 23
Geitler 17
Gerdes 4
Gerthsen 15
Gottschald 7, 8
Graewe 15
Graf 23
Grigull 20
Grodzinski 21
Großmann 22
Grotemeyer 13
Gruner 18

Haack 13
Hämmerling 16
Haller 6
Haltenorth 18
Hamann 16
Hanke 21
Hannemann 17
Hartmann 16
Hartung 6
Hassak 16
Hasse 12
Haussner 12
Heil 17
Heissler 10, 22
Hempel 8
Henglein 19
Herberg 23
Hermann 16
Hernried 5
Herter 17, 18
Hessenberg 13
Hilf 11, 20
Hoernes 6
Hoffmann, O. 9
Hofmann, D. 8
Hofmann, H. 16
Hofmann, J. E. 12
Hofmann, W. 4
Hofstätter 4
Hofstaetter 7
Hoheisel 13
Hohenleutner 6
Huber 17
Humburg 20
Huttenlocher 18

Jacob 6
Jaeckel 18
Jaeger 10
Jahr 15
Jander 15, 16
Jantzen 7
Jaspers 3
Jiriczek 7
Jung 3
Jungbluth 21

Kaestner 18
Kalitsunakis 9
Kamke 13
Kesselring 20
Kirn 5
Kleinlogel 23
Klemm 15
Klobe 12
Klug 16
Kneser 13
Knoll 15
Knopp 13
Koch 3

König 14
Körting 24
Kolb 7
Koller 16
Kolms 11
Koschmieder 14
Kosiol 11
Krahe 8
Kranefeldt 3
Kresze 15
Kropp 3
Krückmann 9
Krug 10
Krull 12
Kuckuck 17
Küchler 22
Kümmel 4
Kutzelnigg 16

Landmann 3
Langen 12
Langosch 7
Lau 4
Lausberg 9
Lechner 21
Lehmann, G. 3
Lehmann, G. 22
Lehnert 8, 9
Leisegang 3
Lengerken, von 18
Liebich 9
Lietzmann 6
Lockemann 15
Löbell 13
Lorenzen 3, 12
Lotze 18
Ludin 23
Ludz 3
Lüdemann 18

Mahler 15
Marcard 22
Matthes 21
Mattick 17
Maurer 8
Mayrhofer 8
Megede, zur 20
Meid 8
Meiners 20
Meinke 20
Meissner, B. 9
Meißner, P. 9
Mellerowicz 10
Meyer 10
Meysenbug, v. 21
Mitzka 7
Moede 4, 11
Mohr 20
Moser 5
Müller, G. 7
Müller, H. R. 14, 21
Müller, W. 20, 21
Münch 17
Mutschmann 8

Nagel 4
Naumann 7, 8
Neger 17
Nestle 9
Nicolas 11, 14
Niese 22

Oberhuber 9
Oehlmann 5
Ohm 11
Onasch 4

Päsler 14
Paulsen 10
Pepping 5
Pfanzagl 11
Pirani 20
Polenz, von 7
Preller 7
Putz 20

Ramdohr 18, 19
Ranke 8
Reichenow 17
Ringleb 12
Rohrbach 12
Rumpf 5
Runge 20

Sauter 15
Schäfer 20
Scharrer 18
Scheer 16
Scherer 8
Scheurig 5
Schilling 3
Schirmer 7
Schlenk 15
Schlingloff 4
Schmid 9
Schmidt 24
Schmidt-Clausing 4
Schneider 7
Schoeneberg 12
Scholz 12
Schubel 8
Schubert, H. 12
Schubert, K. 5
Schulze, E. 20
Schulze, W. 15
Schwaiger 20
Schwartz, W.u.A. 17
Sedlaczek 21
Seidel 17
Simmel 3
Sperber 7
Steinmetz 9
Stolberg-Wernigerode, zu 7
Stolz 9
Strubecker 14
Stuloff 12
Stupperich 4

Tafel 22
Teichmann 23
Thum 21
Tochtermann 21
Tölke 23
Treue 6
Troche 23
Tschižewskij 10

Unger 20
Urich 17

Valentiner 14
Vasmer 10
Vetter 16
Viëtor 7
Vogel 18

Waltershausen, v. 5
Weden 6
Weigert 5
Weimer 3
Wendland 4
Wendt 11
Wickop 23
Wiese, von 4
Wiesenewsky 20
Wisniewski 7, 8
Witting 13

Zemann 16, 19
Zietemann 22
Zipperer 21

 Printed in Germany 150. II. 66